迎难而上 做了不起的人

田金涛 ◎ 编著

中国纺织出版社有限公司

内容提要

每个人在刚出生时，就犹如一张白纸，这张白纸最终会成为什么样的"作品"，在于我们如何绘画或书写。每个人在成长的过程中需要接受心灵的引导，才能找到努力的方向，才能迎难而上克服种种困难，才不会迷失自我，最终成就自己的一生。

本书就是一本引导孩子成长的心灵读物，立足于培养孩子的情商和智商。阅读本书，孩子不仅能增强自信，还能提升抵抗在人生道路上挫折的能力。相信本书能对广大成长中的孩子有所启迪。

图书在版编目（CIP）数据

迎难而上做了不起的人 / 田金涛编著. -- 北京：中国纺织出版社有限公司，2021.4
ISBN 978-7-5180-8167-7

Ⅰ．①迎… Ⅱ．①田… Ⅲ．①成功心理—青少年读物 Ⅳ．①B848.4-49

中国版本图书馆CIP数据核字（2020）第216592号

责任编辑：张 宏　　责任校对：高 涵　　责任印制：储志伟

中国纺织出版社有限公司出版发行
地址：北京市朝阳区百子湾东里A407号楼　邮政编码：100124
销售电话：010—67004422　传真：010—87155801
http://www.c-textilep.com
中国纺织出版社天猫旗舰店
官方微博http://weibo.com/2119887771
三河市宏盛印务有限公司印刷　各地新华书店经销
2021年4月第1版第1次印刷
开本：880×1230　1/32　印张：6
字数：111千字　定价：39.80元

凡购本书，如有缺页、倒页、脱页，由本社图书营销中心调换

前言

人人都向往成功，希望拥有精彩的人生。有人确实能如愿，在许多领域均有斩获，但有人一生孜孜以求却收获甚微。能否成功不仅与我们的才智及勤奋和执着程度等自身因素有关，还与我们是否获得心灵的指导有莫大的关系。

其实，每个人在出生时，就犹如一张白纸，这张白纸最终会成为什么样的"作品"，在于我们如何绘画或书写。每个人在成长的过程中需要指引，尤其是心灵成长的过程。每个人在成长路上，总是会遇到这样那样的困难、困惑、挫折乃至不幸，你固然要努力学习，但提高情商、增强面对困难的勇气、信心也非常重要。

有人说，心灵就像是一间房屋，只有勤于打扫，将房屋内的垃圾和灰尘清扫出去，才能让心灵更纯净，只有打开紧闭的窗户，才能让心灵充满阳光。

事实上，我们不难发现，那些成功者虽然有着不同的奋斗经历，但都曾经历过心灵淬炼和洗涤。

孩子们，也许你也需要一点启发，一点星光，《迎难而上做了不起的人》就是一本心灵智慧的荟萃，寥寥数语中，常

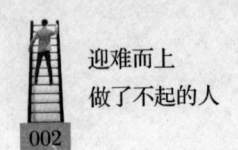

蕴含着丰富的人生经验和深广的文化内涵。阅读它，能激活你的个人潜能，使你永不疲倦、永不怯懦，始终保持坚定的意志和良好的状态。

有人说，阅读经典，可以让我们的心灵变得高贵。每一个孩子，都应该将这本书当成自己的枕边书。经常阅读它，你会感受到什么是爱，什么是尊重，什么是坚强，怎样获得知识，怎样获得成功，这样，相信再面对人生的何种境遇，你都不会轻易气馁和厌倦。

编著者
2020年10月

目录

第01章 超越平庸，每个人都是梦想的缔造者 ‖001

拒绝平庸，梦想让你实现卓越 ‖002

始终不放弃希望，要有迎难而上的决心 ‖004

每个孩子都要为自己制定目标并执行计划 ‖008

了解自己的追求，做好规划 ‖010

无论如何，不要轻易放弃 ‖012

有希望，就有了方向 ‖014

第02章 任何困难的土壤里，都蕴含着成长的种子 ‖017

绝境下，你更容易产生爆发力 ‖018

置之死地而后生，做勇敢向前的少年 ‖022

用自己的双脚，坚定不移地走出你的人生路 ‖026

梦想之于少年，就是一次次对挑战的实现 ‖028

每一次失败后，你都要有再努力一次的勇气 ‖031

第03章 勇敢向前，方能开创新的人生 ‖035

不畏恐惧，做勇敢少年 ‖036

勇敢去尝试，不给恐惧侵蚀你的机会 ‖038

出人头地的孩子，都熬过了一段黑暗的时光 ‖040

少年，你要有敢于拼搏的勇气 ‖043

一旦缺乏勇气，你就会恐惧缠身 ‖045

内心强大的孩子，不会轻易被打败 ‖048

第04章　咬紧牙关，成长路上的挫折也会向你臣服 ‖053

内心笃定，不惧命运的任何捉弄 ‖054

少年的字典里，不应该有"放弃"二字 ‖056

大声哭出来，每个人的成长都浸透了泪水 ‖059

大胆去征服，一切挫折不过是纸老虎 ‖063

全力以赴，是所有青少年的宝藏 ‖065

第05章　肩负明天的希望，年少时别怕眼前的苦与累 ‖069

青少年要端正心态，更好地面对生活 ‖070

勇敢尝试，追风少年绝不因害怕失败而裹足不前 ‖073

只要生命还在，一切终将过去 ‖077

放眼未来，年少时不怕吃苦与受累 ‖080

一步一个脚印，做踏实上进的孩子 ‖083

即使有苦难，也要保持对美好未来的向往 ‖085

第06章 敢于冒险，不要扼杀突破人生的可能 ‖089

迎难而上，是每个人都应该有的冒险精神 ‖090

冒险也要放手去做，青少年要有果断的执行力 ‖091

主动寻求突破，人生不能凑合 ‖095

逼自己一把，每个少年只有

不断突破自我才能获得成长 ‖097

对自己狠一点，好孩子绝不贪图享受 ‖100

勇敢少年的字典里没有"不可能" ‖103

第07章 勇敢少年，越是磨难，越是砥砺前行 ‖107

以积极的态度面对人生，训练自己坚韧的心 ‖108

意志坚强的少年，不会被任何挫折打败 ‖111

坚韧不拔，从少年时代开始雕刻未来成功的人生 ‖113

天上不会掉馅饼，每个少年要用

持久的付出换成功的人生 ‖116

努力比任何东西都来得真实 ‖118

遭遇窘境，你要不断调整自我 ‖120

第08章 端正心态，心怀感恩的孩子能从容面对未来人生的得与失 ‖125

淡定从容，年少的心不要急功近利 ‖126

每个年轻的生命，都要学会掌握自己的命运 ‖127

青春要轻舞飞扬，更要沉下心来 ‖131

面对人生的不公平，唯有提升和完善自己 ‖136

与其解释，不如用时间来证明自己 ‖140

第09章 时光温柔，每个孩子都要趁现在努力提升自己 ‖145

每个少年，都要用汗水拼一个未来 ‖146

一旦停滞，你可能就被甩在人后 ‖148

趁年少强大自我，以强者的姿态与命运叫板 ‖151

勤奋努力，给自己一个灿烂的未来 ‖154

想要成为有所作为的孩子，必须要沉下心 ‖157

要想成为强者，首先要战胜自己 ‖160

第10章 马上去做，别将自己年轻的生命空耗在抱怨中 ‖165

年轻要有理想，但先要接受现实 ‖166

适时调整方向，每个孩子要掌控人生的舵 ‖169

少年绝不能瞻前顾后，否则只能让机会白白流失 ‖172

立即行动，别让年轻的生命被抱怨吞噬 ‖175

积极面对失败，好孩子只找方法不找借口 ‖177

速度第一，谁快谁就能够赢得机会 ‖178

参考文献 ‖182

第01章

超越平庸,每个人都是梦想的缔造者

拒绝平庸，梦想让你实现卓越

一眼喷泉的源头决定喷泉的高度；而一个人有什么样的信念，决定其有什么样的成就。因此，如果我们想让行动领先一步，梦想就必须超前一些。伟大而卓越的人，之所以能够不断创造和超越，就在于他们拒绝接受平庸。他们追求卓越，所以功成名就。正如日本京都陶瓷株式会社社长稻盛和夫所言："人生是思维所结的果实，这是许多成功哲学的支柱。根据我自身的人生经验，我坚定一个信念，那就是'内心不渴望的东西，它不可能靠近自己'。亦即，你能够实现的愿望，必定是你自己内心十分渴望的；如果内心对一件事情没有渴望，那么即使你有能力也不能实现它。"的确，一个人的人生是怎样的，就取决于他的内心有多大的愿望和渴望。有梦想的人，可以化渺小为伟大，化平庸为神奇。

孩子们，如果你想活出一个不平凡的人生，如果你想成为一个成功的人，那么，从现在起，就为自己树立一个足以为之奋斗的理想吧。一个连想都不敢想的人，又怎么会成功呢？

美国钢铁大王卡内基，少年时代从英国移民到美国，当时真是穷透了,但正是"我一定要成为大富豪"这样的信念,使得他于19世纪末在钢铁行业中大显身手,而后涉足铁路、石油行业,成为商界巨富。

理想影响行动,行动影响结果,这是一连串的因果效应。想成功,自然也要有超前的理想和信念。而年轻就是力量,就是希望,那么,你还在担心什么呢?无论做什么,即使失败了,还有机会重新开始。

推销大师吉拉德的成功,也是源于他相信自己能成功的信念。

在吉拉德小时候,他的父亲总是给他灌输一种消极的思想——"你永远不会有出息,你只能是个失败者",这种思想令他害怕。而吉拉德的母亲却相反,她给他灌输的是一种积极的思想:"对自己有信心,你绝对会成功的,只要你想成为什么,你就能做到。"从父母那里,吉拉德时时受到两种相反的力量的影响,这两种力量一种令他害怕,另一种则让他产生信心。而最终,母亲传输给他的思想胜利了,这就是他能实现自己梦想的原因。

生活中,很多人也充满理想,但一旦把自己的理想和现实联系起来的时候,他们就退却了,认为实现理想是不可能的,而这种"不可能"一旦驻扎在心头,就会每时每刻都侵蚀着他们的意志，许多本来能被他们把握的机遇也便在这"不可能"中悄然逝去。其实，这些"不可能"大多只是人们的一种想象，只要他们能拿出勇气主动出击，那些"不可能"就会变成"可能"。试想一下，稻盛和夫先生在创业之初仅有8人，而四十多年后，稻盛和夫就成为了迄今世界上唯一一位一生缔造两个世界五百强企业的人，这不正证明了"没有什么不可能"的道理吗？

为此，孩子，从现在起，你需要树立一个正确的理念，并调动你所有的潜能加以运用，努力提升自己的能力，让你的信心和理想带你脱离平庸的人群，为未来步入精英的行列打好基础！

始终不放弃希望，要有迎难而上的决心

希望是漆黑夜晚中的一丝丝亮光，那亮光就在前方，只要我们勇敢地向前走，就可以触摸到它。希望是心中涌动的激情，是风雨不摧的自信，心存希望就会拥有未来。面对眼前的困境，请相信：这个世界根本没有真正的失败，只有暂时的不成功。只要你始终不放弃希望，你就一定能够跨越失败，走向

成功。

俗话说："留得青山在，不怕没柴烧。"这句话包含着深刻的人生哲理，向我们传达了一种"希望在，成功就在"的积极人生观。所有的不幸终会过去，遇到困难时迎难而上，有希望，就会有机会获得成功。

沈兼士先生曾说："当失败降临的时候，也是我们最应该感到庆幸的时候，因为我们结束了一条不可能走到尽头的路，从而回到了正确的轨道上来。"这句话告诉我们：人生的路再坎坷再崎岖，只要我们的心仍然闪耀着希望之光，就永远不会无路可走。正所谓"山重水复疑无路，柳暗花明又一村"，世间没有死胡同，就看你如何去寻找出路。正视困境，不在困难面前退缩，就不会让心灵荒芜，就不会无路可走。

英国的霍金教授在21岁的时候，被确诊患有罕见的、不可治愈的运动神经元病MND，即肌萎缩性侧索硬化。1963年，医生说他只能活两年半，并且随着病情的恶化，他将失去所有的活动能力。然而，这个巨大的打击并没有击倒霍金，他也并没有因为自己丧失几乎所有的活动能力而否定自己的价值。

霍金自称："幸亏我选择了理论物理学，因为研究它用头脑就可以了。"霍金不能用笔和纸工作，他选择用可用图形描绘在纸上的精神图像来表达他的思想。这一方法较传统的科学方法更加直观。霍金无法说话，只能借助声音合成器来发声，使用这一机器十分费力，所以他的讲演言简意赅。霍金不仅坚强，还十分有勇气。关于宇宙创生，爱因斯坦认为"上帝不掷骰子"，在当时谁有胆量向阿尔伯特·爱因斯坦发起挑战？霍金则说出："爱因斯坦错了。上帝不仅掷骰子，而且有时候在看不见骰子的地方掷骰子。"通过自身不断的努力，霍金克服了身体上的痛苦，完成了极其伟大的科学成果，他提出了黑洞理论，将理论物理学提高到了一个新的层次。为此，霍金被选入伦敦皇家学会——卡尔·萨根称之为"我们这颗行星上历史最悠久的学术组织之一"。在授职仪式上，霍金忍受着身体的痛苦，把自己的名字添进光荣榜上——有伊萨克·牛顿的签名的书中。观众们屏住声息，直到霍金完成最后一个字母，然后热烈地鼓起掌来。1979年，霍金被任命为卢卡斯数学教授——这个牛顿曾获得的荣誉职位。

霍金的成功离不开他积极生活的信念，面对生命的不公平待遇，他永不屈服，没有用一种绝望的心态对待自己的一生，所以他的人生不会因为疾病而走入死胡同。

而在大洋彼岸的美国，有一个肯尼的故事。

1973年12月，肯尼出生于美国宾夕法尼亚州拉昆村。当母亲看到婴儿只有半截身体时，哭得死去活来。做父亲的比较冷静，再三安慰妻子："我们要面对现实，不要绝望，生命还在，希望还在。"

肯尼1岁半的时候做了两次手术，腰以下的神经无法恢复，连坐都成了问题。医生告诉肯尼的母亲：凡事要尽量靠他自己的意志和能力去做。母亲接受了医生的忠告，尽量让肯尼料理自己的事情。数月后，肯尼竟奇迹般地坐了起来，不久，他开始尝试用双手走路。

肯尼开始上学了，每天都要装上重达6公斤的假肢和一截假胴体。坐着轮椅上厕所很不方便，每次都有同学帮助他。在这样的环境熏染下，肯尼的心灵得到了极大的净化，他爱生命，爱身边的每一个人。

肯尼是个摄影迷，一有空，他就挂上相机，摇着轮椅到附近的公园去。他一边给人拍照，一边说："你的眼睛真漂亮，等照片洗出来我要挂在房间里做装饰。"说得姑娘们喜滋滋的。他帮妈妈买东西，有时也替邻居洗车、剪草。这对一个没有下肢的人来说，需要多大的毅力啊！

后来，肯尼成了小影星，他成功地主演了影片《小兄弟》。1988年10月，肯尼去台湾接受访问，在金龙奖颁奖现场，他对记者说："我在生活中没有困难，遇到困难就和大家

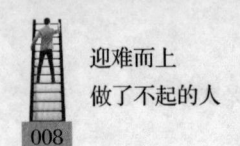

一样，找出方法解决。"

如果命运折断了希望的风帆，请不要绝望，岸还在；假如命运凋零了美丽的花瓣，请不要沉沦，春还在。生活总会有无尽的麻烦，请不要无奈，因为路还在，梦还在，阳光还在，我们还在。人生没有绝境，很多时候，上帝在给你关上一道门的同时，会为你打开一扇窗。

人生没有让你绝望的路。"宝剑锋从磨砺出，梅花香自苦寒来"，经历磨难是获得成功的一种方式。不懂得在痛苦中丰富和提高自己的人，多半是愚蠢和懦弱的。当你遇到种种挫折和问题之时，既不应回避，也不应沮丧，而应正视困境，多想办法，迎难而上，这样才能使自己与智慧结下缘分，让磨难铸就出辉煌人生。

每个孩子都要为自己制定目标并执行计划

但凡做出巨大成就的人，都知道自己想成就的是什么，他们绝不像太平洋中没有指南针的船只一样，随风飘荡。成就梦想，先要定下目标，然后思考如何达成自己的目标。这道理似乎是老生常谈，但令人惊讶的是，许多人都没有认清：为自

第01章
超越平庸，每个人都是梦想的缔造者

己制定目标并执行计划，是唯一能成就梦想的可行途径。

每个人的行为都应该是有目的性的，一般来说，没有目的性的行为是没有意义的。生活中没有目标的人就是可怜的糊涂虫，他们永远没有办法找到成功的途径。车尔尼雪夫斯基曾说："一个没有受到献身热情所鼓舞的人，永远不会做出什么伟大的事情。"人一旦失去了目标，就意味着失去了人生的推动力，失败必将来临。当然，在追寻目标的过程中，我们应该坚定自己的立场，不能被他人所左右。

一个没有目标的人就像是一艘没有舵的船，永远漂泊不定，只会到达失望和丧气的海滩。许多人即使付出了艰辛的努力，但还是无法成功，其实，这是因为他们的目标总是模糊不清。在生活中，我们一旦确立了清晰的目标，也就会产生前进的动力，所以，目标不仅仅是奋斗的方向，更是一种对自己的鞭策。

有人曾这样说："一个人无论他现在多大年龄，其真正的人生之旅，是从设定目标那一天开始的，之前的日子，只不过是在绕圈子而已。"要想获得成功，我们就必须拥有一个清晰而明确的目标，目标是催人奋进的动力。如果你缺失了目标，即使每天你不停地奔波劳碌，也还是无法获得成功，而成功者之所以能成功，是因为他们的目标明确，眼光长远。

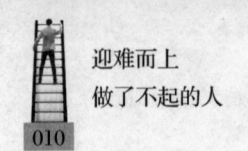

了解自己的追求，做好规划

前几年，诸如北上广深等一线城市，开始涌起返乡潮。很多白领在大城市打拼多年之后，审视自己的生活，放弃自己曾经宏伟的梦想，回到了家乡的省会城市或者三线城市生活。其实，白领在一线城市就一定成功吗？答案并非如此。很多白领的追求是有一套属于自己的房子，但他们在大城市拿的工资并不高，但是却要承受高昂的物价、交通成本、生活成本。很多白领穷其一生所得，也未必能够买到属于自己的房子。因此，他们在一线城市的人生注定是漂泊的。不同的是，在积累了一段时间的储蓄之后，回到家乡的他们，也许可以全款或者分期付款买到自己的房子，找一份相对稳定的工作，过上安稳的生活。相关数据表明，在大城市巨大的工作和生活压力下，很多白领的身体都处于亚健康状态，生活也处于社会中下层。渐渐对灯红酒绿的大城市生活感到厌倦后，回归心灵和身体的栖息地，也许会得到不一样的人生体验。

当然，现代社会，人们的思想观念越来越开放，也不再盲目认为月是故乡明了。虽然家乡山好水好人好，但也还是有很多在大城市生活习惯的人回到家乡之后，发现自己已经不再适应家乡的生活节奏。在回乡潮兴起一段时间之后，又有一部分回乡大军重新返回一线城市，回到之前厌弃的生活中。始终留在大城市的白领，想起家乡就会感受到来自心底的惬意，然而真正回到家乡，他们之中的一部分人又开始想念大城市的熙熙攘攘，川流不息。最终，每个人都要找到一种最适合自己的生存和生活方式。我们不能说哪种方式好或者哪种方式不好，因为这与好不好毫无关系，而只在于每个人的选择。有很多大富豪，在享尽人间繁华热闹之后，心甘情愿地捐献出所有的财产，归隐山林，与世无争。与此同时，又有多少人像蚂蚁一样忙碌，只为了挣钱，买更大的房子，买更好的车子，穿更好的衣服，吃更多的美食。说到底，这只是每个人的追求不同。

　　不管在哪里生活，都要有自己的人生规划。生活在大城市的基层，和生活在二三线城市的中上层相比，哪个更可能成功，主要取决于个人规划。从工作的角度来说，虽然普遍意义上大城市的工作机会更多、机遇更多，但是，一个没有人生规划的人在这种情况下也难以获得成功。虽然二三线城市生活的圈子相对较小，但是一个人只要能够有好的人生规划，不断努力，他能获得的市场也是很大的。不管在哪里生活，成功与否，主要取决于是否有规划，是否付出了努力。

无论如何，不要轻易放弃

　　每个人都有梦想，在人生的路上，梦想最终能否实现，关系到我们的人生是否完满。我们总是羡慕成功者身上的光环，殊不知，他们之所以拥有成功的人生，就是因为他们在追求梦想的过程中不管遇到多大的困难，都能坚持不懈，毫不放弃。相反，那些总是与失败相伴的人，总是在遭遇挫折的时候轻易放弃。

　　也许有些朋友会抱怨命运不公平，但其实命运是非常公平的。很多时候，我们之所以被命运捉弄，只是因为命运要考验我们是否能够担当大任。正如古人所说："天将降大任于斯人也，必先苦其心志，劳其筋骨，饿其体肤……"天上不会掉馅饼，这个世界上也没有谁的成功是一蹴而就的。不管什么时候，我们必须要非常用心和努力，也要具有坚持的毅力，才能最大限度发掘我们自身的潜力，战胜挫折，越挫越勇，距离梦想越来越近。

　　很多时候，我们要面临人生的风雨泥泞。我们虽然无法改变客观存在的外界环境，但是我们可以调整自己的心态；我们虽然无法支配和指挥别人，但是我们可以成为自己的主人，让自己变得更加积极努力。总而言之，只要我们心中怀有希望，只要我们在任何情况下坚持不放弃，就没有任何人能够中断我们的梦想。在实现梦想的道路上，我们是自己的领路人，是自己的鞭策者。

接连下了好几天的雨，一个懒惰的男人家里已经开始漏雨了，而且因为平日里家里储备粮食不多，他的孩子们现在不得不开始挨饿。为此，这个男人气愤地站在雨地里叫骂老天："老天爷啊，你为什么要这样接二连三地下雨呢？我好好的房子都开始漏雨了，家里的孩子们也因为缺吃少喝的，整日哭哭啼啼。老天爷啊，你还让不让人活了。我真想问问你，你到底为何如此丧尽天良呢……"男人喋喋不休地叫骂，他越叫骂越生气，开始大声地诅咒起来。

这时，村里的一个邻居实在看不惯男人骂街的样子，因而说："你呀，与其站在这里骂老天爷，不如去别人家里借点儿粮食，先把孩子的肚子填饱了。其实，老天爷有什么错呢，春雨贵如油，现在下雨，到了秋天我们才会有好收成，我们都应该感谢老天爷才是。你家呢，因为你好吃懒做，好逸恶劳，所以才没有多余的粮食。要是你去年少骂街几次，多去地里干点儿活，你家孩子如今也就不至于挨饿了。记住，老天爷改变不了什么，过得好不好完全取决于你自己！"邻居的一番话使男人羞愧不已。的确，关老天爷什么事情呢？他唯有辛勤

地劳作，才能改变现状。

哪怕是非常严重的意外和变故，对于人生中的强者而言，也无法改变他们命运轨迹。任何时候，我们必须非常努力，才能最大限度地挖掘自身潜力，从而完成我们的使命。任何时候，都不要因为外界的因素，就松懈自己。要记住，只要你发奋努力，就没有人能够拖你的后腿，更没有人能让你面对人生无计可施。不管是机会，还是解决问题的方法，都只会青睐那些奋发努力的人。因而从现在开始，孩子们，不要再以任何理由放弃梦想。只有我们执着追梦，我们的人生才能变得更加顺遂如意。

古人云："吾日三省吾身。"这句话就是告诉我们每个人都要善于自我反省。要知道，任何人都不可能一蹴而就，实现梦想的过程注定是艰难的。我们在遇到挫折和磨难的时候，要从自身出发，找到原因所在，才能越来越接近于成功。

有希望，就有了方向

希望之于人生，就像是灯塔之于在茫茫大海上航行的船只，指明方向。尤其是在海面风起云涌、雾气弥漫的时候，灯塔的作用就更加凸显出来。

在希望的指引下，人们勇往直前，目标专一，即使遭遇坎坷挫折，也能顺利渡过。相反，一个人如果没有希望的指引，在前进的道路上则会更多地关注坎坷和荆棘，最终被扰乱心神。希望不但为我们指明方向，也助我们披荆斩棘。

乔恩的家非常贫穷，他的父亲是个渔民。然而，最近海上气候变化无常，时而风平浪静，时而狂风大作。父亲在一次出海时，突然遭遇飓风，导致家里唯一的小船支离破碎。父亲凭着坚强的信念好不容易上了岸，挣扎着回到家里之后就病倒了。这时，债主们也纷纷闻讯赶来，向乔恩的母亲逼债。看着病得昏昏沉沉的丈夫，和家里好几个年幼的孩子，乔恩的母亲整日以泪洗面，却无计可施。乔恩思来想去，决定奋力一搏。他为自己煮了一碗浓浓的姜茶一口气喝了下去，又喝了几口父亲的烈酒，就义无反顾地走出了家门。

来到寒风凛冽的海边，乔恩脱掉衣服，光着身子背着两个鱼篓冲进了海里。原来，乔恩想要捕捉一种喜欢温暖的鱼。他没有其他的工具，就用自己的体温当诱饵。果然，当乔恩被冰冷的海水冻得牙齿直响时，那些小鱼就开始横冲直撞地向乔恩游过来，乔恩的腋窝和柔软的腹部聚满了这些珍贵的小鱼。他赶紧用双手把鱼装进鱼篓，心中燃起了无尽的希望。简单收拾之后,乔恩来到了市集上,卖掉了所有的鱼。他在此后的很多天里都用这种方法捕鱼,然后卖鱼。他不但偿还了债务,还为父亲治好了病。看到母亲泪眼婆娑的样子,乔恩一本正经地说:"妈妈,只要有希望,我们就能活下去。"

还是少年的乔恩,就凭着心中的希望和信念,扛起了家庭的重任。虽然乔恩的家贫穷而又遭遇不幸,但因为心中的希望,他能仅在姜茶和烈酒的支撑下就在刺骨的寒潮中走入冰冷的海水里,为家人捕鱼。这样勇敢的行为,没有希望,是不可能实现的。实际上,不管你是出身贫穷还是富贵,没有任何人的人生是一帆风顺的。

与其抱怨,不如从现在开始就努力肩负起责任,让自己变得更强大。任何时候,我们都要记住,只要心中有希望之火在熊熊燃烧,我们的人生就不会迷失方向。人生就像是在大海里的小船,风平浪静时容易,风雨交加时艰难。而无论如何,我们都应该保持希望之心,这样才能冲破重重阻碍,为自己赢得新生的力量。

第02章

> 任何困难的土壤里,都蕴含着成长的种子

绝境下，你更容易产生爆发力

有人说，只有一条路可走的人往往最容易成功。也许你会产生疑问：这是为什么？因为一个人别无选择，才会倾尽全力朝目标冲刺。有时，只有斩断自己的退路，才能把不可能变成可能。美国杰出的心理学家詹姆斯的研究表明：一个没有受逼迫或激励的人仅能发挥出潜能的20%~30%，而当他受到逼迫和激励时，其能力可以发挥出80%~90%。许多成功之士在逆境中敢于背水一战；在一帆风顺时，他们也会用切断后路的方式，给自己带来强烈刺激。

的确，人在绝境或没有退路的时候，最容易产生爆发力，展示出非凡的潜能。为此，每个怀揣梦想的人，即使你置身于悬崖边上，即使你处于最恶劣、最不利的情况下，你也要保持必胜的决心，让强烈的刺激唤起那敢于超越一切的潜能。

汤姆·克鲁斯出身贫寒，在他12岁时，他的父母离异了，他同自己的五个姐妹被判给了母亲。

克鲁斯患有阅读障碍症，学习起来总是很吃力，这一情况在很长的一段时间内都没被母亲发现，后来，在大家了解这一点后，他被送到了专为那些智力不足的孩子开设的"特教班"中学习。因为这些，他很自卑，常常低着头，沉默寡言。

进入中学后，他发现自己很喜欢电影，于是开始尝试演一些戏剧，然而，他获得的评价是"热情得过了头"。

1981年，克鲁斯来到洛杉矶，开始群演生活。他获得的第一个角色是一部情景剧中的一个小配角。到了1983年，他主演了4部电影，由于故事情节不佳和他表演稚嫩，这些影片都非常失败。

在遭到了这么多的挫折之后，克鲁斯开始思考自身的不足，然后一步步改进。在1986年的《壮志凌云》中，克鲁斯的表演终于获得观众认可，他也成为一大批美国年轻人心目中的偶像。此后，他数度问鼎奥斯卡金像奖和美国电影金球奖。

汤姆·克鲁斯的经纪人保罗·瓦格纳说："克鲁斯从许多的迷雾中发出光来。他不断绕开上帝设置的障碍，并改变自己。"

人在追求成功的过程中一定充满了挫折与失败。挫折是生活的组成部分，你总会遇到。社会间的万事万物，无一不是在挫折中前进的。但即使是灾难也不应让你垂头丧气。有时候，可能一次可怕的遭遇会使你备受打击、认为未来都失去了意义。但在这种情况下，你必须相信：灾难中也常常蕴含着未来的机遇。

世上没有任何事情是不可能的，如果你有成就事业的强烈愿望，那么你已经成功了一半，剩下的就是用你的心去实现它了。

威尔玛·鲁道夫从小就"与众不同"，因为患了小儿麻痹症，不要说像其他孩子那样欢快地跳跃奔跑，就连平常走路都做不到。寸步难行的她非常悲观和忧郁，当医生教她做一点运动，说那可能对她恢复健康有益时，她也像没有听到一般。随着年龄的增长，她越来越忧郁和自卑，甚至拒绝所有人的靠近，但也有个例外——邻居家那个只有一只胳膊的老人，这个老人成了她的好伙伴。老人是在一场战争中失去一只胳膊的，他非常乐观，她也非常喜欢听老人讲故事。

这天，她被老人用轮椅推着去附近的一所幼儿园，操场上孩子们动听的歌声吸引了他们。当一首歌唱完时，老人说道："我们为他们鼓掌吧！"她吃惊地看着老人，问道："我的胳膊动不了，你只有一只胳膊，怎么鼓掌啊？"老人对她笑了笑，解开衬衣扣子，露出胸膛，用手掌拍起了胸膛……

那天晚上，她让父亲写了一张纸条，贴在墙上，上面是这样的一行字："一只巴掌也能拍响。"从那之后，她开始积极配合医生。无论多么艰难和痛苦，她都咬牙坚持着。有了一点进步，她就以更大的受苦姿态，来求更大进步。父母不在时，她甚至自己扔开支架，试着走路。要蜕变是要经历痛苦的，而这种痛苦是牵扯到筋骨的，但是，她坚持着，她相信自己能够像其他孩子一样行走、奔跑……

11岁时，她终于扔掉了支架。此时，她又开始看向另一个更高的目标——打篮球和参加田径运动，并为之努力。

1960年罗马奥运会女子100米跑决赛，当她以11秒18第一个冲线后，掌声雷动，人们都站起来为她喝彩，齐声欢呼着这个美国黑人的名字——威尔玛·鲁道夫。

那一届奥运会上，威尔玛·鲁道夫是跑得最快的女人，她共摘取了3枚金牌，也是第一个获得奥运会女子百米冠军的黑人。

威尔玛·鲁道夫的故事告诉所有人，任何时候都不要放弃希望，哪怕只剩下一只胳膊，也可以为生命喝彩。要说成功有什么秘诀的话，那就是坚持，坚持，再坚持！你在面临考验之际，往往会以为已经到了绝境，但此时，不妨静下心来想一想，难道真的没有机会了吗？当然不，只要你满怀希望，你就会发现，你在经受的只是一个考验，考验过去就是光明，就是成功。

奥斯特洛夫斯基说得好："人的生命似洪水在奔腾，不遇着岛屿和暗礁,难以激起美丽的浪花。"如果你在失败面前勇敢进攻,那么人生就会是一个缤纷多彩的世界。也正如巴尔扎克的比喻:"挫折就像一块石头,对弱者来说,它是绊脚石,使他们停步不前;对强者来说,它却是垫脚石,会让他们站得更高。"

生活中的人们,如果你已经成功了,你要由衷感谢的不是你的顺境,而是你的绝境。当你陷入绝境时,就证明你已经得到了上天的垂爱,将获得一次改变命运的机会。如果你已经走出了绝境,回首再看看,你会发现,自己要比想象中更伟大,更坚强,更聪明。

置之死地而后生,做勇敢向前的少年

现实生活中,我们有时会感到害怕,甚至觉得前面没有路可走了,因而心生恐惧。此时,不如把自己"置之死地",这样我们才能做到重生,才能驱赶走心底里的恐惧,使自己更加勇敢,一往无前地前进。

很多朋友喜欢旅行,走过世界各地的路,相信大家都会发现,在这个世界上,大多数道路都是蜿蜒曲折的,很少有道

第02章
任何困难的土壤里，都蕴含着成长的种子

路是笔直向前的。换个角度来看，现代文明使我们拥有很多平坦的大道，但是，要想欣赏绮丽的风景，我们就要走到人迹罕至的小路上，它不但弯曲，而且坎坷不平。实际上，人生又何尝不是如此呢！如果用路来比喻人生，人生绝不是被高楼大厦包围的笔直大道，而是那些蜿蜒曲折的山间小路。在路上，我们既有机会欣赏美丽的风景，也会遭遇浅滩溪流，或者是高山险阻。总而言之，我们唯有坚定不移地前进，才能最终赢得光辉的人生。要知道，理想总是在高山之巅，要想实现理想，我们就必须鼓起勇气，在绝境中勇往直前，便会发现柳暗花明又一村，这才是人生中最高尚的境界。

生活是艰难的，几乎每个人都会遇到坎坷。各种各样的窘境，常常会让我们觉得生活已经无路可走了。正所谓光脚的不怕穿鞋的，既然我们没有更好的路走，那就恰恰意味着我们不管走往哪里，都是在前进，都比保持现状更好。很多聪明的人常说，当事情糟糕到不能再糟糕时，也就恰恰意味着状况开始好转。举例而言，当我们置身于重重山峦的谷底时，那么我们每走一步都是向上的攀登。人生也恰恰如此。

一段时间，小娜的人生进入极端低落期。大学毕业后，小娜回到家乡的一所小学任教，她因为工作的局限，并没有机会为自己寻找合适的男朋友，所以就在同事的介绍下与一位在

北京打工的男性结婚了。当时的小娜，工作上并不如意，因而一心一意想跟着丈夫去到北京。但是婆婆不乐意了，说："我让我儿子娶你，就是因为觉得你有稳定的工作。要是早知道你要辞职跟着去北京，我还不让我儿子娶你了呢！"婆婆的话，小娜并没有放在心上，虽然她对丈夫并没有多少感情和了解，但她总觉得自己的人生需要改变，她一刻也不想待在这个闭塞的小城市了。

在小娜的坚持下，丈夫答应了小娜的要求。就这样，小娜跟着丈夫一起去了北京。但是，糟糕的事情接踵而来。不到一年，小娜怀孕了，此时却发现丈夫与他的前女友还有不清不白的关系。小娜这才知道，原来，丈夫当初和前女友分手，并非因为感情出了问题，而是因为前女友是乙肝病患者，婆婆狠心拆散了他们。要知道，丈夫和前女友可是谈了好几年的恋爱啊。思来想去，小娜觉得非常懊丧。认识到丈夫与自己的感情根本不如与前女友的，她改变想法，决定流产，结束婚姻。

随着婚姻的结束，孤身一人留在北京的小娜心如死灰，甚至产生了轻生的念头。但是思来想去，她还是决定要好好活着，毕竟父母辛苦抚养她长大，供养她读书，不能让父母承受白发人送黑发人的痛苦。就这样，小娜痛定思痛，先是找了一份又苦又累的销售工作，每天都顶着炎炎烈日在大马路上散发传单，在其余时间，她不断充实自己，寻找更好的机会。凭着自己出色的能力，几年之后，小娜在一家房产经纪公司成为一名管理人员，变成了不折不扣的白领。此时的她，虽然有过短暂婚史，但是因为没有孩子的牵挂，而且因为自身特别优秀，所以得到了很多男士的主动追求。不得不说，小娜迎来了人生的春天。

曾经，命运对于小娜非常残酷，使得她万念俱灰。幸好，小娜从未放弃过自己人生的理想，更没有放弃自己的责任和义务。所以，她才能鼓起勇气，重新扬起生命的风帆，一往无前。果不其然，对于凡事都坠入低谷的小娜而言，每一步都是前进，都让她离人生的高峰越来越近。永不放弃的小娜，最终迎来了人生的春天。

孩子们，任何时候，都不要对过去的不幸耿耿于怀，更不要因为害怕失去而畏手畏脚。也许我们人生的现状如此糟糕反倒是一件好事情，我们会因为一无所有而变得无所畏惧。记住，生命不应该是一潭死水，而应该是一潭充满生命力的活水。任何时候，只要我们不放弃，我们就会拥有希望和永不凋谢的未来。

用自己的双脚,坚定不移地走出你的人生路

人生从来不是平顺的,只有经历过挫折,人生才能更丰富和厚重,也才能有与众不同的未来。如果人生没有经历挫折,不曾失去,也不曾受到任何辛苦,那么人生必然是轻飘飘的,甚至会变得漫无目的。很多人都渴望自己的人生一帆风顺,希望能够有美好的未来,却不知道人生唯有经历坎坷和辛苦,才能最终有所成就。

生活中,处处都有看不到的高墙。有的时候,这堵墙被我们推了很多次,也不会倒塌,但我们多推一次,说不定它就会轰然倒下。人生是无常的,在墙还没倒的时候,我们要做的就是多推它几下,而不是避开这堵墙。因为很多灾难不期而至,假如我们能努力去推这堵"墙",直面问题的所在,也许反而能够更好地应对。在这个世界上,没有任何人愿意吃苦,但是苦涩却是生命的基础味道。就像香水也有基本的味道一样,没有人的人生会始终泡在蜜罐里。人生的确进展艰难,每个人在人生之中都有烦恼,万事如意只是我们用来祝福他人的话,要想变成现实,几乎不可能。

每个人的命运都掌握在自己手里,不管什么时候,我们都要坚定不移走好人生之路,即使遇到坎坷挫折也决不放

弃，这样才能紧紧把握住每一个机会。相反，假如我们总是守株待兔，而又不知不觉地睡着了，好机会就会偷偷溜走。

大学毕业之后，小陈不甘心留在家乡，和同学结伴去了南方打工。到了南方的城市里，刚刚走出大学校园春风得意的小陈才发现大城市里大学生一抓一大把，本科毕业基本没什么优势。和同学一起进入一家普通的小公司工作没多久，小陈不愿意继续过朝九晚五的生活，因而决定自己做点儿什么。他打电话回家，和爸爸妈妈借了几万块钱，和同学合伙开了一家家政服务公司。后来，他觉得家政不好干，看到隔壁做装修的人生意很好，而且工人都是现找的。他灵机一动，瞄准了不需要大投入的美缝剂生意。

在找了几个工人进行简单的培训后，他与隔壁的装修公司达成了合作关系，这样，那家装修公司经常给他介绍一些美缝的活儿。小陈也没有当老板，而是和工人一样干活。渐渐地，他的生意越来越好，后来他还做起了很多其他与装修有关的生意，五年过去了，他顺利开了一家装修公司。因为亲力亲为，他的装修质量非常好，很多老客户都愿意与他合作。

小陈之所以能够抓住时机做好生意，就是因为他总是做好准备，主动出击，而不是被动地等待人生中不知何时才会到来的机遇。这样的主动，让小陈更好地把握人生，也让小陈真

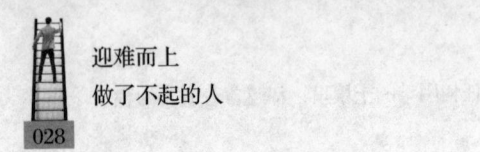

正成为命运的主宰。

毫无疑问，没有任何人愿意吃苦，但苦涩却是人生的基调，没有任何人能够避免吃苦。当人生中遭遇很多困难的时候，我们必须咬紧牙关坚持下去，才能突破人生的困境，实现自己的理想。

梦想之于少年，就是一次次对挑战的实现

有人认为人生很漫长，长得熬不到头，有人却认为人生很短暂，短暂得如同白驹过隙，转瞬即逝。对于那些轻松就能实现梦想的人来说，人生得意，当然感觉人生短暂。而对于那些在实现梦想过程中饱经磨难的人而言，艰难的日子似乎一眼看不到头，也就觉得梦想之路漫长了。其实，因为背景与环境不同，每个人对时间的感受也截然不同。就像当你正在看自己喜欢的影视剧时，哪怕时间已经过去三个小时，你也觉得时间很短；而假如你正在参加一场艰难的考试，或者等待手术室里的亲人尽早出来，那么你一定会觉得度秒如年，觉得每一分每一秒都很艰难。

实现梦想是很难的，中途会面临很多挑战，对于远大的

梦想而言，想要实现就显得难上加难。在这种情况下，一定不要过分焦虑或者着急，因为一味地沉浸在梦想中无法自拔，反而会使推进梦想的行动变得缓慢。最好的做法是把梦想划分为一个个小目标，将其视为通往梦想道路上的一个个小关卡，这样一关一关走下去，你不知不觉就接近了梦想，也能在不断实现小目标的过程中获得成就感，找到自信，对于梦想的实现也会更加乐观。

命运从来不会偏袒任何人，梦想也从来不会自动成真。如果你被动地等待着梦想向你飞过来，那么你的希望就只能落空了。但你应该主动靠近梦想，即使实现梦想任重而道远，即使你需要在通往梦想的道路上披荆斩棘。

巴斯德的父亲曾经是拿破仑的军营中的一名士兵，作为士兵之家，巴斯德的家庭在当时的社会上是拥有较高地位的。然而，巴斯德不想像父亲一样从军，而是想要为这个充满阳刚之气的士兵之家增加一些书香气，成为有学问的人。但是，巴斯德从小看着父亲舞枪弄棒，而且他的父亲身边也都是军人，所以他根本不知道如何才能成为有学问的人，学到知识。巴斯德实在太想有学问了，因而有一天他问叔叔："叔叔，我怎样才能成为有学问的人呢？"叔叔调侃巴斯德："你要是成为博士，当然就会才高八斗了。"小小年纪的巴斯德当然不知道博士是什么,因为他的身边,包括他们整个家庭的身边,根本没有人靠着学问吃饭。但是巴斯德隐隐约约意识到叔叔所说的话很有道理。

巴斯德认真勤奋地学习,在二十五岁那年,他如愿以偿获得了物理学博士学位。当时,正值社会动荡,巴斯德不知道自己能做什么,也不知道自己擅长研究哪个领域,所以他在很长时间内都没有找到正式的研究课题。在别人的调侃下,他居然不自量力开始研究玄而又玄的生命奥秘。要知道,生命奥秘是当时最前沿的课题,只有那些大名鼎鼎的专家学者才能有所涉猎。随着研究工作的不断深入,巴斯德推翻了很多专家的观点,证实了生命并不能凭空产生,而是那些微生物在发挥作用。这使得巴斯德遭到很多人的反对,但是他始终坚持自己的观点,从未放弃过。

在被他人不断质疑的过程中,巴斯德对很多疑难杂症展开研究,不但找到了引起这些疾病的病毒,而且还提出了预防和治疗的方法。巴斯德凭着锲而不舍的精神攻克了一个又一个难题,成为举世闻名的伟大科学家,为全人类科学事业的发展做出了卓越的贡献。

巴斯德获得的成就,就是通过实现一个个小目标而来的。他先是通过刻苦学习成为博士,后来又脚踏实地探索科学真相，逐个消除人们对他的质疑，最终就真的成为了不起的科学家。

世界上没有人能一蹴而就。每个人在实现梦想的道路上，都要一步一步坚持向前，才能到达人生的目的地。很多情况下，我们会因为生命的磨难而感到沮丧，却不知这些磨难正是生命不可缺少的养料，能够为我们提供更多的成长和发展空间，也能帮助生命创造奇迹。如果以一项运动来比喻通往梦想的道路，则一定是百米跨栏。我们需要不断地跨越那些栏杆，才能到达终点。在人生的旅途中，我们要为自己设立目标和方向，这样才能不断地自我接纳、自我成就、自我突破和自我超越。

每一次失败后，你都要有再努力一次的勇气

有时候，我们为了做一件事情，进行了1009次的努力，之后我们再也没有信心继续努力，因此选择了放弃。如果肯德基爷爷和我们一样只坚持了1009次，那么他就不会成功。因为，他恰恰是在第1010次努力后才获得成功的。很多成功，都在我们无法继续坚持下去的下一刻，也许我们只需要再努力一

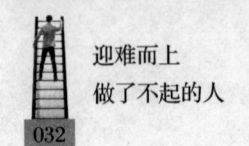

次，就能够获得期待已久的成功。

有一年，喜爱音乐的罗伯特第一次去找工作，他信心满满地去一家演艺公司应聘乐队主唱。从很小的时候，他就开始学习声乐，再加上他的音质非常特别，这使他相信自己有足够的能力担任主唱。按照招聘要求，他非常认真地为自己选择了一首歌，作为面试曲目。

面试那天，和其他应聘者相比，罗伯特的表现非常好。考官也准备录用他。遗憾的是，这次面试只是一种形式，其实，导演组早就内定了主唱。得知真相后，罗伯特认为自己遭受了不公正的待遇，非常气愤。他愤愤不平地找到导演组评理，要求对方说清楚为什么不录用他。导演组负责人不以为然地说："年轻人，你凭什么让我给你理由，我可没心情搭理你。你要是真有本事，就去大都会歌剧院演唱吧！"

在纽约，大都会歌剧院是举世闻名的歌剧院。要知道，进入大都会歌剧院演唱，对于学习音乐的人来说，是毕生的梦想。毫无疑问，导演组的负责人在挖苦罗伯特，他显然知道罗伯特根本不具备去大都会歌剧院演唱的资格和能力。第一次找工作就被如此冷嘲热讽，罗伯特万分绝望，甚至想要放弃。然而，他很快就恢复了理智，决定提升自己，努力一把。之后，罗伯特进行了艰苦卓绝的训练，他的演唱能力得到了迅速的提升。一年多之后，他顺利签约大都会歌剧院。后来，他更是不懈努力，应邀去很多欧美国家演出，成为了举世闻名的男中音歌唱家。他很感谢自己当初被拒绝，更感谢自己被拒绝后仍努力提升自己的决定，因为正是那次拒绝和后来的努力，才让他展开翅膀在乐坛翱翔。

每一次失败后，都要有再努力一次的勇气。事例中的罗伯特第一次找工作就遭受冷嘲热讽，如果他就此沉沦，那么就要放弃自己心爱的歌唱事业，一切从头再来。幸运的是，他没有放弃，而是奋起努力，证明自己。正是这样的精神，使得他一鼓作气，在经过艰苦卓绝的训练之后，成功签约大都会歌剧院。从此，他的人生完全不同了。

人生就是如此，并非永远处于顺境。孩子，当遭遇人生的逆境时，千万不要因此而沉沦绝望，而要努力地鼓起勇气，再接再厉。很多时候，事情的转机就出现在最糟糕的情况下，当然，前提是你不放弃，不气馁。成功就在下一步，你做好准备迎接它了吗？

第 03 章

勇敢向前，方能开创新的人生

不畏恐惧，做勇敢少年

很多人会遇到恐惧，而如果我们一味地逃避和屈服于恐惧，我们就会被恐惧控制，人生难以有所作为，所以，我们应勇敢面对恐惧。要想勇敢面对恐惧，我们首先要知道自己害怕的到底是什么。比如很多孩子害怕黑暗，因为他们不知道黑暗中是否有怪物。有的成人不敢出门，因为他们害怕社会暴乱。

一天下午，艾森豪威尔放学回家的时候，被一个年纪和他相仿的男孩追赶得不停地跑。那个男孩很强壮，所以有些瘦弱的艾森豪威尔不敢直接和对方打斗，只想赶紧逃开，离那个男孩远远的。

父亲看见艾森豪威尔跑得和兔子一样快，因而大喊道："嘿，你怎么了，被那个坏小子追得屁滚尿流的？"艾森豪威尔委屈地说："他很强壮，我根本打不过他。而且，就算我打得过他，你也会狠狠揍我的！"父亲怒气冲冲地喊道："你这都是什么理论，根本原因就是你很胆怯。现在，回过头去，对着那个小子冲过去！"在父亲的鼓励下，艾森豪威尔变得勇敢起来，他不顾一切地掉头跑向那个男孩，看起来就像是要和那个男孩决一死战一样。那个男孩显然没有想到被自己追得四处乱窜的胆小鬼会突然反击，因而有些猝不及防，赶紧调转头逃跑。艾森豪威尔穷追不舍，直到把那个男孩推翻在地，恶狠狠地说："假如你再挑衅我，我一定会让你尝尝我拳头的味道！"果然，等到艾森豪威尔松开手，那个男孩爬起来就跑，连头都不敢回了。从此之后，艾森豪威尔就知道了一个道理，即不管对手多么强大，只要自己能战胜内心的恐惧，就一定能够战胜对手。

很多时候，困难和挑战其实并没有我们想象中那么可怕，它们只是被我们的胆怯放大了，而被放大的困难和挑战又激起了我们心中更深的恐惧，导致我们更加不敢面对一切。所以我们要想战胜心中的恐惧，首先要让自己的心变得勇敢。一颗勇敢的心能使我们战胜一切。

美国前总统罗斯福曾经说，任何事情都不值得我们恐惧，而唯一值得我们恐惧的只有恐惧本身而已。因为恐惧会占据我们的心灵，让我们所付出的一切努力白费。罗斯福的这句名言迄今依然铭刻在哈佛学子的心中，不断激励着他们勇敢迎接人生的挑战和压力。

孩子们，我们必须意识到，在我们追求成功的道路上，

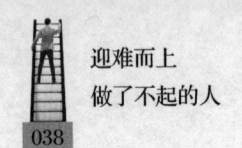

恐惧是我们唯一的阻碍。我们唯有战胜内心的恐惧，才能最大限度发挥自身的能力，才能成就最杰出的自己。记住，当我们不顾一切勇敢地迈出通往成功的第一步时，恐惧就已经开始远离我们了。

勇敢去尝试，不给恐惧侵蚀你的机会

从很小的时候，我们就开始接受关于人生和理想的教育，被父母灌输长大之后一定要出人头地的思想。很多人都希望人生轰轰烈烈，认为这样的人生才是成功的。殊不知，大多数人的人生注定要平平淡淡。难道平凡的人生就不成功吗？当然不是。实际上，对于人生而言，成功并没有统一的标准，成功可以是有更高的官位，成功可以是赚取了很多的钱，也可以是有静好的岁月。只要我们能够按照自己期望的方式生活，就是真正的成功。做到这一点，最关键的在于战胜恐惧，勇敢去尝试，努力去追求。

古人云，一屋不扫，何以扫天下，实际上这句话非常有道理。人生中只能偶尔遇到惊天动地的大事，大多数情况下，我们要与小事打交道，万丈高楼平地起，每一件大事情都是由很多件小事组成的，也因此注定了小事情和小细节会影响到大局。因此，唯有把小事做好，我们才能真正做好大事。如果我们对小事常常忽视，那么渐渐地，我们就会彻底忽视小事，这很有可能导致人生惨败，甚至带来无法挽回的后果。

很久以前，小威因为忽略了小事而惹下祸患。有一次，小威接受单位的任务出差，去订购一批牛皮。小威到了牛皮的原产地，参观了很多家牛皮生产厂家，也进行了细致的比较，最后确定在一家牛皮质量好、价格也相对合理的工厂订购。原本，小威完成任务是万事俱备只欠东风，没想到小威最终却闯下了大祸。他在与牛皮厂家签订的合同上写道："每张大于0.5平方米、有疤痕的不要。"结果，他因没有注意到这个顿号而闯下了大祸，给公司造成了严重的损失。牛皮厂家发来的牛皮，全都是小于0.5平方米、没有疤痕的低级牛皮。最终，小威和公司只能是哑巴吃黄连，吃了个哑巴亏，小威为此被扣掉年终奖，而且还遭到了上司的严厉批评。

如果把合同上的备注写成"每张大于0.5平方米。有疤痕的不要"，那么小威和公司就不会面临这样的巨大损失。正是因为小小的细节，使小威不仅不能立下大功劳，还闯下了大祸。与此相似的案例，现实生活中时常发生，然而既然是自己的失误导致的，只能默默地承担后果。人们也只能告诫自己以

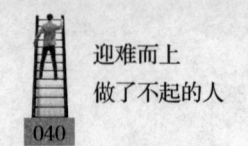

后不要犯同样的错误,以避免再次遭受同样的损失。

从本质上而言,人生的很多转折点的出现并非在重大的事件上,而是在小事中。因此,我们要注重生活和工作中的细节,不能漠视任何努力。记住,成功的人生是从小事展开的,我们唯有努力做好每一件小事,才能让人生越来越接近成功。细心的朋友会发现,大多数成功者虽然没有过人的天赋,但是他们的确有着过人之处。他们从来不觉得自己做的是小事情,对于每一件事情都会以完成大事的态度面对和处理。正如古人所说,不积跬步无以至千里,不积小流无以成江海。人生也是如此,我们唯有做好日复一日的琐碎小事,才能让人生积累更多的财富,也成就更大的事业。

出人头地的孩子,都熬过了一段黑暗的时光

这个世界上没有从天而降的馅饼,也没有轻而易举就能获得的成功。很多时候,我们羡慕成功者拥有伟大的成就,顶着光环生活,却不知道每一个成功者在成功之前,比普通人遭受了更多的痛苦与磨难,因此千万不要盲目羡慕他人的成功,而要意识到成功背后的艰辛和努力。

黎明前恰恰是黑暗最浓重的时候。同样的道理，在成功之前，人们也要经历一段异常难熬的时光。常言道，人生不如意十之八九，很多人都会遭遇挫折和坎坷，唯有怀着坚强的心境面对，才能在日后出人头地。遗憾的是，现代社会有太多的人的心境都过于沮丧绝望。很多上班族都说自己每天上班都像去上坟，还有人恨不得有个马云当爸爸。下面要讲的小伟的经历也许能给你们一些启示。

小伟只是一个普通的技校毕业生。他找了好几个月的工作都没有找到合适的，大多数情况下都是他不符合用人单位的要求。等到有单位看得上他，愿意聘用他的时候，他又觉得薪水待遇太低。无奈之下，小伟选择了销售行业，因为他觉得这是入门门槛比较低而且回报相对较高的行业。

然而，销售工作也是很锻炼人的。虽然销售行业提成很高，但是如果员工不能给公司创造效益，他的收入就会微乎其微。刚开始，小伟缺乏目标，在岗位上混了一年多，但是只为公司创造了微薄的利润，因而收入很少，只能勉强维持生活。有一段时间，受到市场的影响，公司缩减人员规模，决定辞退一部分员工，此时，小伟才有了危机感。他就像打了鸡血一样努力拼搏，只为了能保住自己的工作。然而，没有任何人能够一夜之间就把工作做好，小伟也不例外，他还是失去了工作。

因为没有突出的能力，小伟只能继续寻找销售类工作，找来找去，终于有一家公司愿意录用小伟。虽然这份工作的压力大，任务难，但小伟还是接受了这份工作，因为他很清楚自己没有时间继续浪费和耽搁了。在这家公司里，小伟努力奋斗几年之后，他出人头地，成为了医药销售的佼佼者。后来，小伟又换了一家规模更大的医药公司，更加努力，几年之后就成为了销售总监。从那之后，他的人生截然不同了。

对于小伟而言，漫长而又难熬的那段时间，恰恰是他不断沉淀，蓄势待发的时候。如果没有那段难熬的日子，他也就不会沉下心来思考人生，更不会痛定思痛努力奋斗。如果没有那段难熬的日子，他现在可能还挣扎在销售行业的最底层。毋庸置疑，每一个年轻人在离开校园走向社会的时候，都会觉得很不适应，毕竟残酷的社会和安稳的校园完全不同。然而，他们终究要熬过这段时间，为自己积累职场经验，才能出人头地。

走在大城市的街头，随便找几个人问问，他们之中一定有人曾经住在连手机信号都没有的地下室中，一定有人曾经彻夜加班，一定有人因为住得远不得不披星戴月上下班，也一定有人因为囊中羞涩甚至连一瓶矿泉水都舍不得买。然而，熬过这一段，人生就会豁然开朗，也会变得从容不迫。谁的青春不奋斗，谁的青春不疼痛？我们只有咬紧牙根，才能让人生有更多的可能性，让人生有更多的资本，让人生有更多选择的余地。记住，人生是熬出来的。人生中总有一段晦暗的时光，但黑暗过后，便是黎明。

少年，你要有敢于拼搏的勇气

鸵鸟面对风沙的时候，会把自己的头伸进沙子里。你也许会觉得很奇怪：问题出现了，把头埋起来，问题就会消失或改变吗？问题当然不会消失或改变，但是现实中有很多人，却会像鸵鸟这样做。但丁说："我崇拜勇气、坚韧和信心，因为它们一直助我应付我在尘世生活中所遇到的困境。"由于种种原因，人在生活和创业过程中，不可能一帆风顺，会遇到这样和那样的困难。要克服这些难题，首先必须要有勇气，有勇气你才敢去拼搏，才有机会攀上胜利的高峰。

曾经有一个敢作敢为的姑娘，她只会说一点点法语，却毅然飞往法国去做一次生意旅行。虽然人们曾告诫她：巴黎人是很看不起不会讲法语的人的，但她坚持在展览馆、在咖啡店、在爱丽舍宫用自己有限的法语与每个人交谈。别人问她："讲话结结巴巴不怕出丑吗？"她非常坚定地说："一点也不。"

法国人对她灵活使用地道的虚拟语气大为震惊,许多人也都为她的"生活之乐"所感染,热情地向她伸出手来,从她对生活的努力态度中得到了极大的乐趣。他们为她喝彩,为她欢呼。

是啊,没有什么可怕的,即便出丑又有什么呢?恐惧只是来源于内心的自卑与怯懦罢了。就像这故事中的姑娘,她从不害怕自己会招来异样的眼光,因为她是一个勇敢的人。而她的勇敢,使她获得了别人的欢呼与喝彩。

曾经,互联网上流传着这样一封信,它是凯恩斯写给朋友的,在信中他这样说:

"很小的时候,我就一直渴望考入剑桥大学。为了这个理想,我倾注了自己全部的心血。我所付出的巨大努力使我坚信,日后剑桥一定有我的一席之地,根本不可能发生意外。可是,这只是我的想象而已。后来,我得知自己根本没有被剑桥录取,这个消息让我觉得整个世界都破碎了。我觉得再没有什么理由支撑着我活下去,我开始忽视我的朋友、我的前程。我抛弃了一切,远离家乡,决定把自己永远藏在眼泪和悔恨中。"

"当我清理物品的时候,我突然看到一封早已被遗忘的信——一封已故的父亲给我的信。他在信中写了这样一段话:'不论活在哪里,不论境况如何,都要永远笑对生活,要像一个男子汉，承受一切可能的失败和打击。'我把这段话看了一遍又一遍，觉得父亲就在我的身边，正在和我交谈。他仿佛在对我说：'坚持，不管发生什么事，向它们淡淡地一笑，继续活下去。'现在，我每天的生活都充满了快乐，虽然没有进入剑桥，后来又遭遇了几次失败，但终于知道，笑对失败就是对失败最大的报复，一味地哭泣只能让失败愈加嚣张。今天，这种积极的心态已经给我带来了巨大的成功。"

看完这封信，我们也应该明白，不管遇到多大的问题，我们依旧要学会微笑，勇敢地继续走下去。堕落和绝望都没有什么意义的，我们只有勇敢地生活下去，才能有希望，才能让自己的人生更精彩。所以千万不要丧失了内心的那份斗志，那份勇气，那份魄力。

在困境中，不要把自己当做老鼠，否则肯定会被猫吃掉。不管我们的生命多么卑微，不管生活给予我们的资源多么匮乏，只要无所畏惧，我们就能让平凡的生命绽放出美丽的花朵！

一旦缺乏勇气，你就会恐惧缠身

勇气是任何事业成功的基础，缺乏勇气的人，会恐惧缠身，一事无成。人们常会说有些事是看起来容易，做起来难；但现实中也有许多事情，是看似很难，实际上做起来却并不像想象的那样困难。对于一些事情有时正是自己的畏惧，加剧了自己的怯懦，而使自己不敢努力去实践，甚至放弃目标。当然，对一件事情的困难程度予以充分的估计是必要的，但我们不能因事情困难而失去勇气。

我们应充分看到自己的能力，鼓起勇气，树立自信，同时辅之以积极的自我暗示，如"这点小事不值得害怕""别人能做到我也能做到"。在困难与阻力面前，要有一股敢斗的勇气和气势。迎着困难与压力迈出关键的第一步，并义无反顾地大胆往前走，这样，成功与希望就会向我们招手。

尼采说："当我们勇敢的时候，我们并不如此想，我们一点也不认为自己是勇敢的。"有时候，内心的畏惧源于我们对问题的逃避。其实，当我们试着去改变自己的内心，让自己的内心变得强大起来的时候，我们会惊讶地发现，克服挫折不过如此，容易得就像是跨过一道门槛。但是，如果总是任由内心畏惧而不去改变，那么，我们就会失去许多获得成功的机会，因为幸运只会降临在那些有着强大内心、坚韧精神的人身上。

内心畏惧的人常常表现为害怕困难，意志薄弱，惧怕挫折，内心异常脆弱。他们遇到挫折时，总是习惯性退缩或者消极抵抗，不愿意冒险，惊慌失措。其实，内心越是畏惧，挫折就会变得越强大；而内心变得强大，挫折就会变得不堪一击。我们要想成功地战胜挫折，首先应该战胜自己内心的恐惧。让自己变得强大起来，挫折与困难就会迎刃而解。

有些人不能成就大事业，并不是他们的能力不行，而是他们信心不足，勇气不够，骨子里有着一种天然的惰性，一遇上困难就妥协，退缩，放弃。而成功者往往敢于与命运抗争，劲头十足，不断前进，直到取得自己满意的结果。

人生的种种挫折，对于我们来说，可能像种种折磨，但是，它其实是种种锤炼。暂时的痛苦算不了什么，只要心中有勇气，不畏困难，经受住一次次磨炼，最后，我们定能将自己炼就成一块坚韧的钢。在日常工作中，我们也会遇到种种困难，失败算不了什么，只要我们能保持坚持下去的信心，以及内心的坚韧，我们定能成功。

谁也不想一生碌碌无为，人人梦想一生成功、富贵，可是只有少数人才能与成功、财富结缘。有人常抱怨自己没有遇到好机会、生不逢时，然而机会一旦降临，他们是否有足够的勇气和胆识去把握？勇敢坚韧，百炼成钢，只有心中怀着勇气，毫不畏惧，才能走向成功。

内心强大的孩子，不会轻易被打败

人最大的敌人是谁？是自己。很多时候，我们觉得恐惧、焦虑、不安，这些负面的情绪和感受，都来自我们的内心。如果我们的内心足够强大，就不会轻易被负面的情绪和感受所侵蚀打败，所以，要战胜恐惧、焦虑、不安，我们首先要做的就是战胜自己。很多时候，我们觉得自己很了解自己，觉得我们最熟悉的人是自己，殊不知，我们最陌生的人也是自己。苏轼曾经作诗表达自己人在庐山却无法欣赏庐山全景的感慨——"不识庐山真面目，只缘身在此山中"。这句话的道理显而易见，我们之所以说自己是最熟悉的陌生人，是因为我们住在自己的心里，无法客观公正地评价自己的内心。由此可见，要想战胜自己，我们首先要了解自己的内心。

也许有人会觉得自己已经足够强大了，无须战胜自己。或许，这个人有很多金钱，或许他很有权势，也或许他体格健壮，是个无人能敌的强者，然而，这并不意味着他的内心同样强大。很多人把强大理解为没有人能够战胜的力量，其实，强大更多的时候代表着平静。一个情绪特别容易起波澜的人，不能被称为一个强大的人。举例来说，有个人非常强壮，但是很容易动怒。如果我们想打倒他，不用动手，只需要激怒他就可以让他被怒火冲昏头脑，这不叫真正的强大。还有人心思狭隘，经常因为一些不值一提的小事就郁郁寡欢，生活之于他，似乎就是每天生气再生气，郁闷再郁闷，这样的人，权势再高，也不算强大。古代有些皇帝，贵为天子，杀戮成性，用武力治理天下，其实他们的内心很空虚，这样的人更不能被称为强大的人。真正的强者，拥有一颗淡定从容的心，大肚能容天下之事，笑口常开无所忧虑。遇到值得高兴的事不会得意忘形，遇到使人为难的事不会一筹莫展，遇到吃亏上当的事可以宽容别人，这才是真正的强者。

1867年，居里夫人在波兰出生。她的家庭非常贫困，也许正是这样贫困的生活铸就了她坚持不懈的顽强毅力。由于家里没有多余的钱供养她，居里夫人在巴黎读书时，生活条件非常简陋。她租住的小阁楼，只能勉强遮风挡雨，里面什么都没有。为了读书，她在图书馆度过了每一个夜晚。每当冬天到来时，她即使把自己所有的衣服都穿在身上，也还是冻得颤颤巍巍。为了省钱，她每天只吃面包，喝水，即使生活如此艰难，居里夫人依然顽强地学习，从未想过放弃。四年过去了，勤奋好学的她顺利取得了物理学和数学硕士学位。

1895年，居里夫人和志同道合的比埃尔·居里组成了家庭。结婚之后，他们的生活依然很贫困，然而，他们并不在意。他们携手并肩，在科学研究的道路上一起前行。为了找到一种能穿透非透明物体的射线，他们借用了一个阴暗潮湿的木棚。为了节省研究经费，他们不惜走很远的路，去买一种价格相对低廉的沥青矿渣，作为提炼那种射线的原材料。

他们的实验设备非常简陋，但是这丝毫没有影响他们对于研究的热情。居里夫人每天都穿着肮脏的工作服，拿着木棍搅拌大锅中加热的沥青矿渣。为了节省人力，他们没有助手，居里夫人必须自己搬动四十多斤的容器。在经历了无数次失败之后，她也毫不气馁。她整整用了四年时间，才从好几吨的原材料里提取出0.1克镭的化合物——氯化镭。这种物质的放射性很强，能够穿透很多物质。氯化镭的问世，让整个世界大为震惊。1903年，居里夫妇获得了诺贝尔奖。

三年之后，比埃尔·居里因为车祸去世了。居里夫人失去的不但是挚爱的丈夫，也是科学道路上最好的导师。在如此沉重的打击下，她依然振奋精神，继续进行科学研究。时间又过去了好几年，居里夫人终于成功提炼出1克纯镭。她把这宝贵的镭捐献给了法国镭学研究院，很多癌症病人因此获益。1911年，居里夫人再次获得诺贝尔奖。

因为内心的强大，居里夫人虽一生历经坎坷，在科学研究的道路上吃足了苦头，但却从未放弃过，更未妥协过。正是因为她有着坚强无比的内心，她才能为科学事业的发展做出如此卓越的贡献，并两次获得诺贝尔奖。

在人生的道路上，我们应该首先让自己的内心强大起来。唯有如此，我们才能坦然面对不期而至的灾难和苦难，才能一往无前地走下去，最终获得成功。

第04章

咬紧牙关,成长路上的挫折也会向你臣服

内心笃定，不惧命运的任何捉弄

如果说命运一定会青睐谁，那么它青睐的一定会是那些能够咬紧牙关对抗人生挫折的人。人生最重要的是咬紧牙关熬过命运的残酷捉弄。

一年有四季，温暖和寒冷交替，一天有太阳升起和太阳落山的时候，光明和黑暗轮回，我们并不能要求人生始终都温暖如春，充满光明。有人说人生是一场未知的旅程，也有人说人生就是在漫无边际的大海上航行。其实，不管是旅程的风景，还是海上的天气，都是充满未知的。当我们看到自己不喜欢的风景，或者遭遇狂风暴雨的时候，要放下心来，不抱怨，因为抱怨会扰乱心绪。只有不忘初心，始终牢记着命运的方向，才能坚持与命运的抗争，才能在人生的路途中活得更加美好。

很久以前，有两个大学毕业刚刚参加工作的年轻人因为遭到老职员的欺负而内心郁郁寡欢。有一天，他们结伴去深山的寺庙中求助于得道的高僧，也把自己的苦恼全都倾吐给高僧。高僧漫不经心地说："不过就是一碗饭。"高僧说完这句话，就再也不看年轻人，而是开始闭目诵经。

一个年轻人领悟了高僧的话，回到城市之后辞掉工作，完全放下城市的繁华与热闹，回到农村的家乡开始布衣农耕，自给自足。而另外一个年轻人也幡然悔悟，意识到：就是挣一碗饭吃，与同事之间的矛盾没有必要那么较真，还是先提升自己更为重要。为此，他潜心工作，一直非常勤奋和努力。十年后，他凭着在工作上出色的表现和数十年如一日的勤奋与刻苦，得到了上司的赏识，得以提升，如今事业上风生水起，还在大城市里安家落户。对于高僧的同一句话，两个年轻人有了不同的领悟。我们不能说谁的选择更加明智，只能说如果他们都因为高僧的点化得到了自己想要的生活，那么他们就获得了自己梦寐以求的人生和成功。

每个人在人生之中都有自己的烦恼：不工作的全职家庭主妇觉得无法实现人生的价值，工作的职场女性又因为要兼顾家庭而劳累不堪；教师羡慕医生能救死扶伤，医生羡慕教师可以和可爱的孩子们打交道。不要再对现状不满，试着活好当下的每一天，或者努力地打破自己的现状，给自己全新的机会去面对一切，这都是很好的选择和安排。记住，人生从来没有回头路可走，不管对于此时此刻是否满意，我们都要全力以赴做好该做的事情，也要牢记凤凰涅槃，才能浴火重生。任何时候，我们的命运都掌握在自己的手中。

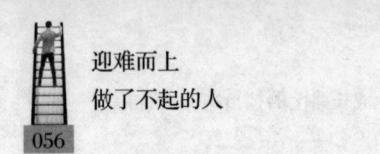

少年的字典里，不应该有"放弃"二字

　　罗勃特·史蒂文森说过："不论担子有多重，每个人都能支持到夜晚的来临；不论工作多么辛苦，每个人都能做完一天的工作，每个人都能很甜美、很有耐心、很可爱、很纯洁地活到太阳下山，这就是生命的真谛。"是的，生命是美好的，只是每个人看待事物的心情不同罢了。很多人在遇到挫折或磨难时总是失去了生活的信念，轻易放弃，甘愿堕落，但是他们却不知车到山前必有路，只要自己努力去改变，希望其实就在不远处，挫折和磨难只不过是对自己的锻炼罢了。

　　不论何时，不要轻易地说放弃。相信大家都应该明白：成功者决不放弃，放弃者绝不会成功。要想拥有自己的一片明朗的天空，靠的是自我努力，而不是自我放弃。

　　开学第一天，古希腊大哲学家苏格拉底对他的学生们说："今天咱们只学一件最简单而且最容易做的事。每人把胳膊尽量往前甩，然后再尽量往后甩。"说着，苏格拉底做了示范。

　　"从今天开始，每天做30下。大家能做到吗？"学生们都笑了，大声回答道："当然能。"大家都在想：这么简单的事，有什么做不到的。

过了一个月,苏格拉底问学生们:"开学时我让大家坚持做的事情,也就是每天甩手30下,哪些同学坚持了?"有超过90%的同学都骄傲地举起了手。

苏格拉底微微点头。

又过了一个月,苏格拉底又问。这回,坚持下来的学生只有八成。一年以后,苏格拉底再次问大家:"请告诉我,最简单的甩手运动,还有哪几位同学坚持了?"

这时,整个教室里,只有一个人举起了手。

这个学生就是后来成为古希腊另一位大哲学家的柏拉图。

其实这只是一个简单的小动作,可是却极少有人能坚持下去。这个甩手任务代表的是一种毅力,一种永不放弃的决心。多少人刚开始踌躇满志,但却在经历风雨的过程中丧失了斗志。坚持不是一件容易的事情,可是放弃却在一念之间。身处逆境仍然能够傲然前行的人,必定能成就自信的人生。

丽莎和艾文是一家大公司的职员,可是有一天公司传来消息打算裁员,在名单中,出现了丽莎和艾文的名字,按规定一个月之后她们必须离岗,当时她俩的眼眶就红了。

次日,她们来到公司,收到被辞退的正式消息之后两个人心里还是很不舒服。丽莎的情绪仍然非常激动,跟谁都没有什么好声气。可是丽莎不敢找老总去发泄,只是跟主任诉

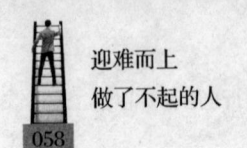

冤，找同事哭诉："为什么是我？我一直尽职尽责的工作，公司这样对我实在是太不公平了。"

丽莎声泪俱下，人们看来也是非常的心酸，可是又不知如何安慰，而丽莎也只顾着到处诉苦，以至于她的分内工作——传送文件、收发信件等，都不再过问了。

丽莎其实一直以来都是一个很不错的同事，平时和大家相处得也很好。可是最近消息下来之后，丽莎活脱脱变了一个人似的，整天都很气愤，许多人都开始有些怕和丽莎接触，躲着她，后来就有点厌烦她了。

艾文和丽莎的心态却是截然相反，在裁员名单公布之后，当天晚上艾文泣不成声，但是想了一夜之后，她的心态有所转变，她觉得事情已经成了定局，不如欣然接受，她就和以往一样干开了。由于大家都不好意思再吩咐艾文做什么，艾文便主动向大家揽活。面对大家同情和惋惜的目光，艾文表现得非常淡然，她总是一笑带过说："事情就这样了，没办法挽回还不如欣然接受，抱怨也没用，只是浪费时间和精力，与其这样还不如干好最后一个月，以后想干恐怕都没有机会了。"每天，艾文还是像之前那样勤快地打字复印，随叫随到，坚守在自己的岗位上。

一个月后，丽莎下岗，而艾文却从裁员名单中被删除，留了下来。领导当众传达了老总的话："艾文的岗位，谁也无可替代。艾文这样的员工，公司永远不嫌多！"

抱怨能改变什么？只不过会让身边的人反感，让自己一味地消沉。与其这样，还不如尽最大力量去改变自己，丰富自己。如果我们自我放弃，那么就没有人能帮助我们。所以说，在我们身处逆境的时候，我们不要堕落；在我们痛苦不堪的时候，我们不要绝望；在我们迷茫彷徨的时候，我们不要丧失斗志，我们一定要一遍遍告诫自己："全世界都可以放弃我们，但是我们却不可以放弃自己。"这是对自己的鼓舞，更是对自己尊严的敬重。

大声哭出来，每个人的成长都浸透了泪水

这个世界上谁不曾哭过呢，婴儿出生时，如果不哭，医生护士还会使劲地拍打他的屁股，让他哭得嘹亮。这哭声是小生命正在向人们宣告他已经降临这个世界，让人们知道这个世界上从此又有了一个倔强的、不服输的生命。经验丰富的妇产科医生总是能够从婴儿的哭声中判断婴儿的性格，甚至知道婴儿的脾气秉性，这是因为不同的哭声代表着不同的含义，例

如有的婴儿哭声柔软，有的婴儿哭声尖锐，甚至一声紧似一声，使人意识到他是一个性子火急火燎的人。人在长大后，哭泣变少了，但流泪也并不是一件糟糕的事情。在成长的过程中，每个人都会经常面临生活的不如意，甚至要遭受突如其来的打击，而当眼泪流下来的那一瞬间，心灵似乎找到了缺口释放，在难过时不如就踏踏实实地哭一会儿，哭过之后就会有力量，接着继续往前奔跑。

很多时候，我们羡慕他人的成长一帆风顺，却不知道他人的笑容背后也隐含了很多的泪水。每个人的成长都浸透了泪水，从呱呱坠地的新生儿成为一个坚强独立的成年人，泪水浸润了我们成长的整个过程。有些人会对哭泣产生误解，觉得哭泣是女性的权利，男性则一定要坚强勇敢，泪决不轻弹。实际上，不管对于男人还是女人而言，哭泣都是人生中必不可少的，这是因为人都吃五谷杂粮，都有七情六欲，都会遇到人生的喜怒哀乐惧。伤心时流泪是理所当然的事情。在很多情况下，如果伤心欲绝而强忍着眼泪不流出来，反而会对身体和心灵造成很大的伤害。

有个女孩从小就命运坎坷，年幼的时候就失去母亲，后来虽然非常努力地学习，也考上了大学，但是个人感情却很不顺利，结婚之后又遭遇了离婚。再后来，她的父亲身患重病去

第04章
咬紧牙关，成长路上的挫折也会向你臣服

世，女孩至此心灰意冷，再也不想在这个红尘俗世上遭受折磨。把父亲入土为安之后，她决定抛弃一切剃发出家，从此再也不为这个世界所烦恼。

寺庙里的师太看着女孩满脸泪痕的样子，意识到她一定是遇到了人生中迈不过去的坎，或者是为难的事情，于是师太决定留她在寺庙里小住几天。实际上，师太深知她尘缘未尽，不打算让她出家，只对她说要给她一些时间适应寺庙里的生活。

女孩远离尘世，每天都与寺庙里的尼姑为伴，每当尼姑诵经的时候，她的心就会感到莫名的悲伤。她看起来很平静，但实际上她的心没有片刻安宁。每当想起过往的人生中种种的不如意时，她便泪水涟涟。几天之后，师太感觉她的情绪渐渐平静，便对她说："你的尘缘未尽，不应该出家，还是去红尘续命吧。"听到师太的话，女孩简直绝望透顶，不管她怎么苦苦哀求，师太都不愿意收留她。女孩无论如何也想不通，为何自己连出家都会遭到拒绝呢？人生还会糟糕到何种程度呢？经历了这一番折腾，她原本一心想要出家，现在却有些怄气了：连寺庙都不愿意收留我！想到这里，她突然又觉得：那大概阎王爷也不愿意收留我。既然小鬼都怕我三分，那我就拿出自己这条命去狠狠地摔打，我相信我一定能够战胜厄运。有了这种想法之后，女孩回到都市，开始马不停蹄地找工

作，租房子，然后逼迫自己全力以赴地生活。每当觉得累得连话都不想说的时候，她就暗暗告诉自己：你又不能出家，又不能去死，那么你就只能好好活着！就这样，女孩一路奔跑，不知不觉间居然跑出了人生的幸运。几年之后，她攒够了买房子的首付，为自己安置了一个家。后来，坚强努力的她遇到了意中人，组建了家庭，从此过着幸福的生活。

对于这位女孩而言，她的人生已经被泪水浸透了，所以她才会心灰意冷，想要出家。然而，寺庙的师太看出来她根本尘缘未尽，只是一时绝望才想放弃人生，因而没有收留她出家，而只是让她在寺庙中住几日，清净清净内心。很多人都会以为自己已经进入人生的绝境，然而时间流逝，他们才发现曾经遭遇的坎坷苦痛并不是人生的绝境，只有更好地面对一切，才能真正操控和把握人生。

曾经有记者采访过一位百岁老人，问他在活过百年之后，对人生有怎样的理解和感悟。老人只说了一个字，那就是——熬。熬字形象地描绘出老人对人生的感悟。的确，人生是需要熬的，不管是遇到开心的事，还是遇到艰难的事，这些事情终将过去，我们都要迎接崭新人生的到来。因此，当我们真的感到伤心绝望的时候，不如大哭一场，只是记得要在哭过之后继续上路，迎接美好人生。

大胆去征服，一切挫折不过是纸老虎

现实生活中，人人都会遇到各种各样的挫折和困难。正如一首打油诗里说的，困难像弹簧，你强它就弱，你弱它就强。我们想要征服困难，就要有强硬的姿态，绝不向困难屈服，谁让苦难总是恃强凌弱，也总是装神弄鬼吓唬人呢。当真正走过人生中艰难的境遇，我们就会发现原来一切的挫折都是纸老虎。只要我们意志坚定，所有的挫折都会被我们征服，对我们俯首称臣。

高考中，他仅仅因一分之差就与心仪的大学失之交臂，这让他心灰意冷，甚至觉得自己的人生都失去了意义。他觉得命运就是在故意捉弄自己，他不断沉沦，自暴自弃，抽烟喝酒。面对着复读一年继续冲刺还是退而求其次去另一所大学报道的选择，他选择了后者，因为他不想在所有同学都去上大学之际，自己却依然在上高三。

开学在即，父亲看到他颓废沮丧的样子，特意请他喝酒。酒过三巡，父子俩都小醉微醺，父亲找出一个空瓶子问他："如果你的人生就是这个空空的瓶子，那么你觉得以你目前的状态，与心仪的大学失之交臂，你应该给自己装入多少酒？"他认真地想了一会儿，说："半瓶吧。"得到他的回答，父亲拿出整整一瓶酒，让他往空瓶子里倒入半瓶酒。然后，父亲把这半瓶酒密封好，告诉他："等你从失败的阴影中走出来，咱们就一起打开这半瓶酒。"去了大学报到之后，他突然发现虽然与心仪的大学失之交臂，但是他的学习和生活似乎并没有受到太大的影响。在大学里，他依然能交到真心的朋友，而且还追求到一个非常出色的姑娘。他也很喜欢自己的专业。半年过去，他发现自己的心态改变了，甚至开始庆幸自己能够阴差阳错来到这所大学。

寒假回家，父亲拿出那半瓶酒，问他："现在，我们可以打开这半瓶酒了吗？"他有些羞愧，点了点头，就这样，父亲打开半瓶酒，倒入两个杯子，和他对饮起来。父亲语重心长地对他说："现在再回头看，还觉得那是个过不去的坎吗？"他摇摇头，说："我很喜欢现在的生活。"后来，每当遭遇挫折的时候，他总是和父亲一起往空瓶子里装酒。和之前一样，在经历痛不欲生之后，这些酒都被他和父亲均分喝掉了。

原来，生活中很多看似无法逾越的艰难，随着时光的悄然流逝，都已经成为了人们生命中沉甸甸的经验。这些经验帮助我们更好地面对将来的挫折和坎坷，使我们能够鼓起勇气继续面对人生的不如意。如果没有这些艰难，人生就不会成长，而会止步不前甚至不断退步，让人对人生渐渐绝望。

假如现在的你因为一些原因错过了人生中的重要人或者事情，千万不要觉得悲哀绝望。古往今来，那些能够青史留名的人中，没有谁的人生是一帆风顺的。任何时候，我们心中都要有一个空酒瓶，帮助我们储存人生的苦涩，在时间的酝酿下，苦涩变成了美酒。总之，在人生的道路上，挫折是不可避免的。如果少了挫折，或者是没有了苦涩的衬托，幸福甘甜就不会有迷人的光彩。正如一首歌里所唱的，不经历风雨，怎能见彩虹。我们每个人都要勇敢面对人生磨难，才能在人生中尽情享受阳光的照射。

全力以赴，是所有青少年的宝藏

人人都追求成功，人人都想让自己的人生变得璀璨辉煌。然而对于成功的获得，很多人的理解都是错误的。他们总觉得只要有付出，就能得到成功的青睐，殊不知成功绝非易事。一个人要想成功，是要全力以赴的。在付出了一些努力，却又没有得到想要的结果时，很多人可能会不停抱怨，只有少数的人真正会想自己为何在付出之后却与成功失之交臂。与成功失之交臂，归根结底，只是因为努力的程度还不够，就像有人曾经说的，如果你的努力没有得到回报，那么只能意味着你的努力还不够，你还要继续努力。所以说，如果你不想再次错过成功，那么你一定要全力以赴、竭尽自己所有的力量奔向人生目标，这样一来，人生才能变得与众不同。

每个人都有无穷的潜力，科学家证实人的潜力就像宝藏一样，人只发现了少部分，其余的大部分宝藏则被深藏起来。全力以赴才能发掘出所有的宝藏，把自己一切的能量都发挥出去。所以，全力以赴的人力量最强大，也因为做事的决绝，他们拥有破釜沉舟的决心和勇气。如果一个人愿意付出自己所有的力量去努力，那么他一定能够实现人生的愿景，获得成功的人生。

在西雅图，一个牧师对孩子们说："人人都有巨大的潜能，只要能把潜能挖掘出来，就能够创造生命的奇迹。"为了让孩子们感受潜能的力量，牧师还承诺只要有人能够背下《圣经》前三章的内容，那么他将会请这个孩子去太空针高塔餐厅就餐。要知道，太空针高塔餐厅可是整个西雅图最高档的餐厅，去那里用餐的人往往有很高的身份地位和雄厚的经济财力，在那里用餐是荣誉的象征。为此孩子们全都跃跃欲试，但是当看到三章《圣经》足足有几十页的时候，几乎所有的孩子都打起了退堂鼓，只有一个孩子坚信自己能够做到。

几天之后，这个孩子当着所有孩子和牧师的面，把前三章《圣经》一字也不差地背了出来。牧师简直被惊叹到了，因为他只是用这个看似不可能完成的任务来检测孩子们到底能不能激发出潜能而已，但是他从未想过真的有孩子能够做到这一点。牧师问孩子为何能够背下这么厚的一沓《圣经》，男孩直截了当地回答："因为我拼尽全力了。"多年以后，这个男孩儿成为了举世闻名的大富豪，他就是比尔·盖茨。

对于孩子而言，背下三章《圣经》显然是很难的。比尔·盖茨之所以能真正背下三章《圣经》，是因为他逼迫自己发挥了所有的能力。在现代社会，竞争尤其激烈，如果一个人从来不想发掘自身的潜力，把一切做到最好，那么他就注定要默默无闻。而发掘自身所有的潜力，最关键的在于，我们的内心一定要意志坚定，相信自己一定能够创造奇迹。

第 05 章

肩负明天的希望,年少时别怕眼前的苦与累

迎难而上
做了不起的人

青少年要端正心态，更好地面对生活

　　人生路上，我们总会遭遇种种的意外，面临重重坎坷。对此，我们常常感到茫然无措，毕竟辛苦打拼这么多年，好不容易才有了一些成就，却在一瞬间变得一无所有，不得不从头再来。这样的打击是沉重的，对于某些心理承受能力相对较弱的人而言，这样的打击还是致命的。然而，我们必须清楚意识到生活的常态，生活不像是海上顺风而行的船只，也不会像是我们可以随意支配的梦境。生活的本质是残酷的，生活是变幻无常的。

　　我们当然可以为自己的不顺找到很多借口，并为此抱怨命运不公，或者上帝不公平。然而，这么做对我们有什么好处呢？这样做既不能改变现实，也不能创造未来。一味地抱怨，只会让我们的心情越来越糟糕，让我们更加颓废沮丧。在反复不停的抱怨中，我们的内心会变得越来越焦躁不安。抱怨之后，我们只能手足无措地站在那里，无法做任何事情。而现代心理学之父——威廉·詹姆斯认为，真正的智慧，是以非习惯性的态度看到某些问题。这是在告诉我们当遇到挫折时，

第05章
肩负明天的希望，年少时别怕眼前的苦与累

我们不要陷入惯常的焦虑和忧愁之中，而应该释放自己的思维，让自己的人生充满希望，这样能让我们拥有更多走向成功的机会。很多人因为自己的贫穷感到懊丧，那么不如想，既然我已经一无所有了，也无所谓会失去什么。这么想来，大家反而更容易放开手脚、破釜沉舟地去做很多事情。再如，很多人觉得自己总是与好机会失之交臂，或者失业，或者失恋，在这种情况下与其一味地懊丧，不如借此机会好好调整自己的心理状态，放空心灵，等着下一次机会的到来。总而言之，我们唯有端正心态，戒除焦躁，意识到生活本来就是坎坷多舛的，才能更加坦然地面对和改变生活。小小的成功正是源于这一心态的力量。

小小的生活曾经是无比风光和忙碌的。她是一名战地记者，经常要跟随部队出征，出入在生死第一线。然而，在一次战地采访任务中，小小被流弹击中，伤到脊椎，卧床休养一年多。刚开始时，听到医生宣判她有可能终身瘫痪，小小马上就想到了死。后来，医生经过一段时间的精心治疗和观察后，觉得小小在两年左右可以恢复行走的能力，但是恢复的程度如何不能确定。小小又开始想：两年，我可以进行多少次采访。现在，我却要躺在床上，什么也不能干地度过两年的时间，这太可怕了。小小变得沮丧绝望，甚至觉得这比医生宣判她"死刑"

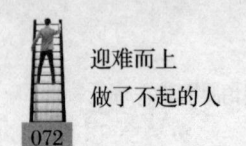

更让她难过，毕竟就算熬过两年，等待着她的也是未知数。

后来，小小的好搭档刘军来看她。看到小小愁眉苦脸的样子，刘军笑着说："怎么了，小小，我心目中的你可不是这样的啊，那个泰山崩于顶而色不变的小小呢，如今哪里去了？"小小垂头丧气地说："我情愿去战场，也不愿意躺在这里。要两年啊，我也许永远也站不起来，也许即便能够勉强行走，也无法恢复生龙活虎的样子。"听到小小的话，刘军笑着说："你为何不把这两年当成是自己的调整期呢！一直以来，我们在战场上出生入死，根本没有时间考虑生活和规划人生，也没有时间充实自己。我觉得你可以利用这两年做很多事情，这恰恰是很多人都不曾有的时间啊！"刘军的话使小小恍然大悟。

刘军走后，小小为自己在网上订了很多书，都是她平日里想看而一直没有时间看的书。小小也有了很多机会和照顾她的妈妈聊天，毕竟自从她上大学开始，就不曾再试过与妈妈这样亲密交谈了。最终，小小愉快而又充实地度过一年多的时间，医生检查之后居然说她可以尝试着下床走路了。随之而来的是漫长的康复期，不过小小因为已经作好了心理准备，所以康复期度过得很顺利。

在这个事例中，对于以往常出入于生死第一线的战地记者小小而言，躺在床上度过一两年的时间，简直不可想象。然而，就算小小抱怨哭泣，也不能改变现状。幸好，在好搭档刘军的劝说下，小小意识到自己可以调整人生的规划，从而帮助自己更加坦然从容地迎接未来。于是，她调整心态，戒骄戒躁，顺利度过在病床上的这段时间。

抱怨和急躁对于任何人生都是有害的。常常抱怨和急躁的人根本无法平心静气地面对那些事情。除此之外，抱怨急躁非但无法解决问题，还会导致问题不断严重和恶化，使我们的人生也越来越糟糕。所以孩子们，从现在开始就端正心态，戒骄戒躁吧，只有当我们心平气和地面对人生，人生才能和风细雨地对待我们。

勇敢尝试，追风少年绝不因害怕失败而裹足不前

每个人都渴望成功，想远离失败。殊不知，没有人能够一蹴而就，大多数的成功都是在历尽艰辛后才得到的。很多人因为惧怕失败，而常常裹足不前，不敢轻易尝试。孰不知，年轻就是我们的资本，我们完全没有必要担心失败。即使失败，也比止步不前更好。我们有很多的想法和创意，其实它们

当中有很多都是金点子。假如把这些想法付诸实践，我们就有机会获得成功。然而，因为担心，我们选择了放弃。没有尝试，我们的人生也就没有失败的阴影，却也失去了成功的希望。在进入暮年的时候，面对苍白无力的人生，想必大多数人都会后悔吧。

在这个世界上，有哪件事情是没有风险的呢？可以说，没有。凡事都有风险。在一生之中，我们常常面临机遇，有的时候，我们面临的是千载难逢的机遇。在这种情况下，我们必须张开怀抱去迎接可能到来的失败，才有可能获得成功。古人云，失败是成功之母，还有人说，失败是进步的阶梯。的确如此，失败是值得我们感恩的。举个最简单的例子，每个人在学校的时候都经历过无数次考试，对于考试中出错的地方，老师在讲解的时候总会说"这次错的同学只要认真订正，下次就不会再错了"。事实果然，我们在用心地听老师讲解并且订正这次的错题之后，就对错题印象深刻，再也不会出错了。人生也是如此。很多父母或者长辈，总是限制和叮咛孩子，生怕孩子会走自己年少之时走过的弯路。实际上，父母曾经犯过错，不代表孩子也对这种错有了免疫力。只有孩子也犯了这些错误，他们才会反思自己，不再把父母的叮嘱当成耳边风。

年轻的孩子们，勇敢地去尝试吧，趁着年轻，趁着一切都可以重来。即使失败了，也无怨无悔。当你失败的次数越来越多，你就会发现自己距离成功也越来越近。伟大的科学家爱迪生在发明电灯的过程中，为了寻找合适的材料当灯丝，足足做了上万次的试验。可以说，他的成功就是失败累积起来的。当然，这并非让大家在做事情之前不考量，而是提醒大家做事情前要深思熟虑，预估最坏的情况和最好的情况，然后勇敢地尝试。尝试，还有成功的机会，不尝试，则连成功的机会都没有。人生，就是一张白纸，我们从白纸起步，不停地积累经验。很多情况下，推动我们进步的恰恰是一次次的失败。与其让金点子停留在空想阶段，不如勇敢地将其付诸实施，这样一来，即使失败了，这次失败也能让你改进之后的想法更加成熟和可行。

在好莱坞，史泰龙大名鼎鼎，是不折不扣的大腕。然而，谁能想到，在出名之前，史泰龙的生活非常困窘，他甚至买不起一件穿得出去的西服。即便生活如此艰难，他依然坚持自己的梦想：当演员，拍电影，功成名就。史泰龙了解到好莱坞有五百家电影公司。为了让拜访更加有效，他事先设定了线路图，带着剧本按照规划好的顺序挨家拜访。然而，逐个拜访下来，五百家电影公司全部拒绝了他。这样的打击，对于大多数人来说都是致命的，但史泰龙没有气馁，他再次按照名单和线路图,开始了第二轮拜访。这需要多么大的勇气和自信啊。然而,命运似乎在和他开玩笑,他的第二轮拜访依然毫无所获。没关系,史泰龙坚信自己有一天一定会成为电影明星的,抱着这个梦想,他开始了第三轮拜访。这轮拜访中前面的349家公司,依然拒绝了他。直到第350家电影公司的老板,才对史泰龙的剧本表现出稍许的兴趣。看完剧本后,老板通知史泰龙去公司详细聊聊。这次,史泰龙为自己争取到了出镜的机会,而且是男1号。这部电影的名字叫《洛奇》,这个剧本是史泰龙创作的。从此之后,电影史上多了一个演员的名字——史泰龙,也多了一部富有传奇色彩的电影——《洛奇》。仅仅是逐一拜访500家电影公司,听上去就已经有点儿不可思议。更让人惊讶的是,在被500家电影公司拒绝后,史泰龙选择重新拜访一次,在第二轮拜访也毫无结果的情况下,他竟然开始了第三轮拜访。第三轮拜访听起来也不那么顺利,毕竟是到第350家影视公司,老板才想看看他的剧本。这需要多么顽强的毅力和勇气。可以说,史泰龙是踩着一次次失败,才能登上成功的顶峰的。

　　陷入迷茫的人们,看看史泰龙的今天,再看看他的昨天,你们一定知道自己应该怎么做了吧。几乎每一个成功人士都曾经历过无数次的失败。他们之所以能够获得成功,是因为他们不惧失败，并且将失败变成自己进步的阶梯。从失败中积累的经验、汲取的教训，对于我们行走人生之路大有裨益。

只要生命还在，一切终将过去

在一生之中，没有人能够总是一帆风顺。人生总是会遇到各种各样的困难，然而，这些困难都是暂时的，只要你足够坚强，没有任何困难会伴随你一辈子。有过乘坐火车经历的人们都曾经穿越过隧道。有些隧道，常常不见尽头。尤其是在山区，很多隧道那么幽深，那么黑暗，让坐车的人恍惚之间感到恐惧，觉得自己掉进了一个永远也不会再见到光的黑洞。在这样的恐惧之中，火车依然轰轰隆隆地前行，带着人们奔向光明。人生也是这样一列火车，当遭遇创伤和摧残性的打击时，暂时陷入黑暗的我们可能会觉得自己无力承担，甚至产生结束生命的念头。然而，不管我们是否愿意，人生的列车终将带我们穿越重重困难。当列车走到希望的阳光之中，我们会发现，困难并非漫无尽头，只要我们的生命还在，这一切就终将过去。

也许有人会说，既然生命的车轮终究会带我们驶离困难的隧道，那我们还需要做什么呢？只要静静等待就好。我们需要考虑的是，以何种姿态等待。我们采取的姿态，决定着我们的人生驶离困难的隧道之后，面临怎样的局面。人活着有很多种方式，高贵地活着，卑贱地活着，忍辱负重地活着，好死不如赖活着地活着……这么多的姿态，哪一种是我们真正想要的。曾经，有个百岁老人说，活着，就是受罪。一宗一宗罪受过来，一辈子也就结束了。也有位百岁老人说，人生没有过不去的火焰山，熬过来就好了。的确，我们熬着熬着，回过头来，很多困难已在身后。只有勇敢面对，采取主动的姿态，我们才能真正把困难踩在脚下。

林肯的人生就像是由一个又一个的困难堆积起来的一样。1832年，失业的他备受打击，但却勇敢地做出了一个决定——参选州议员。竞选失败后，他毫不气馁，又开始创业。然而，不管是政治的道路还是商业的道路，似乎都不欢迎他。在短短的一年时间里，他创办的企业就宣告破产，他也为此负债累累。这笔沉重的债务，林肯用了十七年的时间才还清。

1835年，正期待走入婚姻殿堂的林肯失去了新娘。他在沉重的打击下一度卧病在床。他还患了神经衰弱，常常被失眠折磨。但是，他没有屈服，于1838年到1846年间先后竞选州议会议长和美国国会议员，但依然失败。尽管命运总是打击他，他却始终坚强地站立在人世间。1846年，林肯参加了国会议员的竞选，这次，终于成功了。在这一次短暂的安慰之后，厄运还是没有放过林肯。他在争取连任的竞选中再次失败，甚至连当本州土地官员的愿望都没有得到满足。时光飞逝，1860年，越挫越勇的林肯终于得到命运的垂青，在竞选中一举夺魁，成为美国总统。

中国著名的体操运动员桑兰，在人生最辉煌的时候，因为一次赛前训练中的动作失误，严重摔伤。她的胸部以下包括双手在内，变得毫无知觉。当时，桑兰只有十七岁。这个身轻如燕、被称为"跳马王"的女孩，不得不在轮椅上度过余生。面对命运突如其来的打击，桑兰从未流过一滴眼泪。她以坚强和勇敢面对命运的捉弄，以微笑面对自己不再自由的人生。

原本，事业上如日中天的桑兰把为国争光定为自己的奋斗目标；如今，身体严重残疾的桑兰把恢复自立能力定为自己的奋斗目标。人还没有离开病床，她就开始训练自己独自穿衣服，洗漱。坚强的她，忍受着躯体的疼痛，渐渐地能够从轮椅上依靠自己的力量躺到床上。她知道，对于困难她只能战胜它，不能被它打倒。

她用微笑告诉全世界，她还是那个坚强的桑兰。她付出了数倍于常人的努力，学习了英语，还学会了操作计算机。她还非常勤奋地学习文化知识，充实自己。就这样，身残志坚的桑兰最终把困难踩在了脚下。在勇敢和坚强的桑兰身上，我们看到了生命的力量，看到了困难的软弱。

如果不是一次又一次地战胜困难，跌倒了再爬起来，林肯不会成为美国总统。如果不是坚强和勇敢地面对困难，把困难踩在脚下，桑兰就没有如此绚烂的人生。

不管什么时候，我们都要牢记：困难只是暂时的。面对困难，只要我们迎难而上，勇敢地把困难踩在脚下，它就对我们无可奈何。任何时候，人的力量都是强大的。只要我们自己不放弃，就没有任何困难能够把我们打倒。

放眼未来，年少时不怕吃苦与受累

生活中的任何人，都有自己的梦想。无论你选择什么目标，你都要勇往直前。在实现梦想的这条路上，你不但要拥有毅力和耐心，还要放眼未来，坚定必胜的信念，这样即便再苦、再累，你也能勇敢地与困难拼搏，最终有所成就。人们常说，成大事者，必有坚忍不拔之志，胜利只属于坚持到最后的人。成功的人之所以能够成功，就是因为他们有坚忍不拔的毅力，能看到困境中的希望，把失败化作无形的动力，最终反败为胜。

很多人都经历了种种苦难，遭受了种种挫折和打击，这样的人生看起来是不幸的。可是，人们惊奇地发现，无数成功者都是从苦难中走出来的，正是苦难成就了他们，苦难对于他们来说，是上天的一种恩赐。

罗纳德·里根生在一个极其普通的家庭，全家四口人只靠父亲一人当售货员的工资维持生活。生活的艰辛磨炼了里根的意志，也使他产生了出人头地的强烈愿望。

里根大学毕业后，想试着在电台找份工作，然而，每次都碰了一鼻子灰。之后，里根驾车行驶了70英里来到了特莱城，试了试艾奥瓦州达文波特的电台播音员的工作。电台主任让里根站在一架麦克风前，凭想象播一场比赛。由于里根的出色表现，他被录用了。

在回家的路上，里根想到了母亲的话："如果你坚持下去，总有一天你会交上好运。"

也许在一些人看来，吃苦受累是失败的表现，诚然，经历苦难是痛苦的，因为苦难常常会使人走投无路，寸步难行，使人失去生活的乐趣甚至生存的希望。但目标远大的人，都能看到苦难背后的力量，他们甚至认为吃苦是人生一种

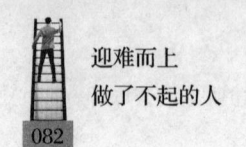

重要的体验和千金难买的宝藏。

拿破仑幼时的生活是很苦的。他的父亲是出身科西嘉的贵族，后来家道中落而一贫如洗。但他仍多方筹措费用，把拿破仑送到柏林市的一所贵族学校。拿破仑破衣蔽履，常受那些贵族子弟的欺负和嘲笑。

他在求学的5年里，受尽了同学们的各种欺负凌辱，但他每受到一次欺负和凌辱，他的志气就增长一分，他决心要把最后的胜利拿给他们看。他心里暗自计划，决定痛下苦功、充实自己，使自己将来能够获得远在那些纨绔子弟之上的权势、财富和荣誉。因此，当同伴们娱乐时，他则独自刻苦学习，把全部精力都放在书本上，希望用知识和他们一争高下。

拿破仑读书有着明确的目的，他专心寻求那些能使他有所成就的书来读。他在孤寂中，从不间断地苦学了好几年，单从各种书籍中摘录下来的内容，就可印成一本四千多页的巨书了。他还把自己当成正在前线指挥作战的总司令，把科西嘉当作两方血战的必争之地，画了一张当地最详细的地图，用数学方法极精确地计算出各处的距离远近，并标明某地应该怎样防守，某地应该怎样进攻。这种练习，使他的军事才能大大提升。

拿破仑的上级知道了他的才学之后，就将他升任为军事教官。从此，他飞黄腾达，最后获得了全国最高的权势。

拿破仑的成功向人们证明了一点：一个人在艰难困苦中能否崛起，在于这个人是否有毅力。

不怕吃苦的人才会有所成就。在你的人生路上，也许会沼泽遍布，也许会荆棘丛生，也许会山重水复……但这些都算不了什么，只要你清楚自己的目标，不畏艰苦，你就能敲开机会之门。

很多人之所以不能迈出人生的关键一步，就是因为每当他遇到困难的时候，就会一蹶不振，无法把失败的惩罚当作不断前进的新动力。想要成功，就要学会放眼未来，做到坚忍不拔，超越失败。

一步一个脚印，做踏实上进的孩子

世界上没有一步登天的奇迹，所以成功者总是恪守"脚踏实地"的原则，做任何事情都是循序渐进的。他们明白，要想获得成功，就必须从每一件小事做起，哪怕是微不足道的小事。他们只专注于当前的工作，认为投机取巧的方法是永远不可取的。他们明白，投机取巧的方法即使能使人在短时期内能获得一两次的成功，却不能使人获得长久的成功。他们更愿意踏踏实实地坚守自己的位置，最后打造出属于自己的一片天地。

1872年，24岁的犹太人哈同独自一人来到中国上海，想要赚钱发财。他看起来是一个年轻力壮的青年人，但是他身上除了自己穿着的衣服以外，一无所有。他既没有一点资本，也不懂任何专业知识和技术。于是，他根据自身的情况，决定先找一个立足点。

他凭着自己魁梧高大的身材，在一家洋行找到了一份看门的工作。哈同并没有为自己的这份工作感到丢脸，他认为通过为别人看门赚来的钱也是一种报酬，并没有使自己失去尊严。他以这份工作作为立足点，并相信通过自己的努力奋斗，他终会找到能赚更多钱的路子。

哈同忠于职守，对自己的工作非常认真。另外，他还常常利用自己晚上休息的时间阅读一些经济和财务的书籍，来增加自己的知识。老板渐渐发觉哈同是个出色的员工，而且很聪明，于是就把他调到业务部门当办事员。哈同一如既往地认真工作，业绩也越来越突出，他逐步被提升为行务员、大班等。这时候，他的收入已经大大提高了，可是心怀志向的他并没有满足于现状。他想拥有自己的企业。于是，在1901年，他离开了工作岗位，开始独立经营商行。

哈同为自己创办的商行取名为"哈同商行"，商行主要经营洋货。他独特的眼光使他发现洋货在中国市场上的竞争品不是很多，消费者难以"货比三家"，所以他可以为商品定下较高的售价。因此，他获得了高额利润，使自己的商行越办越大。

看门工的工作，可能是大多数人都瞧不起的，不愿意干的，他们觉得自己相貌堂堂、年轻高大，怎么会屈于当看门工呢。可是哈同不这么认为，他把这作为成功的一个起点。我们如果留意哈同的工作历程，就不难发现他成功的秘诀，那就是"脚踏实地，循序渐进"。他勤勤勉勉、忠于职守，并且从不急于求成，而是循序渐进，慢慢登上成功的山顶。

"罗马不是一天建成的。"聪明的犹太人正是坚信这样的道理，才能够在世界享有盛名。中国也有句相似的格言，"千里之行始于足下"。我们在做任何一件事情的时候，都要脚踏实地，循序渐进。正所谓"一屋不扫，何以扫天下"，踏踏实实地做好生活中的每一件小事，才能成就大事。

即使有苦难，也要保持对美好未来的向往

有人说，"苦难本是一条狗。生活中，它不经意就向我们扑来。如果我们畏惧、躲避，它就凶残地追着我们不放；如果我们直起身子，挥舞着拳头向它大声吆喝，它就会夹着尾巴

灰溜溜地逃走。"希望是不幸者的第二灵魂,对美好未来的向往,是困难时最好的自我安慰。

人生中会有苦难,而这苦难,我们不得不去面对。有些人一辈子忙忙碌碌,却连一个固定的栖身之地都没有。还有些人,他们生来就身体不健全。

曾听过这样一个真实的故事。

她是一个从娘胎里出来就无手无脚的女人,手脚的末端只是圆秃秃的肉球。8岁时,有了思想的她就想到了死。她用头撞墙,但由于没有四肢作支撑,她只碰得几个血泡、摔得一脸模糊;她尝试绝食,又遭到母亲的怒骂:"8年,我千辛万苦拉扯你8年了……"看着母亲的眼泪,她毅然反省:"我要像一个正常人一样活下去!"于是,她开始训练拿筷子。她先用一只手臂放在桌子边缘,再用另一只手臂从桌面上将筷子滑过去,然后两个肉球合在一起。她从一根筷子开始,再到两根筷子,日复一日,手的末端积累下了一道道血痕。9岁那年,她终于吃到了自己用筷子夹起的第一口饭。

学会拿筷子后,她又开始学走路。她将腿直立于地面,努力保持身体的平衡,摔倒爬起,爬起摔倒,她腿上和地面接触的部位满布血痕,血痕变为血泡,血泡变为厚茧。10岁,她学会了走路。也就在这年,她有了读书的念头。在父母及老师的帮助下，她成了村上小学的一名班外生。于是，她用胶皮缠在腿上，不论寒暑和风雨，总是早早到校。她用手臂的末端夹着笔写字，付出了比常人多数十倍的努力，从小学到初中，再到自学财务大专。

1988年，她被云南省的一家工厂录用为会计，后因回报父母养育之恩返回到父母身边。回家后，她自谋生路，贩卖水果。如今，她是远近有名的孝女。她还有一个高大健康的丈夫，膝下有一双活泼可爱的儿女，一家人温馨、甜蜜，其乐融融。她的名字叫胡春香，她给手脚健全的我们上了生动的一课——只要我们勇敢面对苦难，苦难就会如一片浮云一样从你生活的天空飘走。

在没有退路的时候，我们只有坚强起来，才能存活下去。面对苦难，我们要抬起头来，笑对它，相信"这一切都会过去，今后会好起来的"。要谨记，希望是不幸者的第二灵魂，对美好未来的向往，是困难时最好的自我安慰。在多难而漫长的人生路上，我们需要一颗健康的心，需要绚烂的笑容。

格连·康宁罕是美国体育运动史上一位伟大长跑选手，他伟大，不仅因为他取得了夺目的成绩，更因为他有笑对苦难、把握命运的信心。

在他8岁那年，一场爆炸事故使他双腿严重受伤，腿上没有一块肌肤是完整的。医生曾断言他此生再也无法行

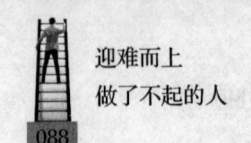

走。他的父母也因此而黯然神伤，但康宁罕没有哭泣，而是大声宣誓："我一定要站起来！"

康宁罕在床上躺了两个月之后，便尝试着下床了。为了不让父母看见伤心，康宁罕总是背着父母，挂着父亲为他做的那根小拐杖在房间里挪动。他感受着钻心的疼痛，跌得遍体鳞伤，但他却毫不在乎，他坚信自己一定可以重新站起来，重新走路奔跑。几个月后，康宁罕的两条腿可以慢慢地屈伸了。他在心底默默为自己欢呼："我站起来了！我站起来了！"康宁罕想起了离家两英里的一个湖泊。他喜欢那儿的蓝天碧水，他喜欢那儿的小伙伴。心向湖泊，康宁罕更加坚强地锻炼着自己。两年后，他凭借着自己的坚韧和毅力，走到了湖边。之后，康宁罕又开始练习跑步，他把农场上的牛马作为追逐对象，数年如一日，寒暑不放弃。后来，他的双腿就这样"奇迹"般地强壮了起来。再后来，康宁罕不断地挑战自己，成了美国历史上有名的长跑运动员。康宁罕用他的行动告诉我们：苍天不会虐待生命的热爱者，不会辜负与苦难顽强斗争的人。

苦难是一所没人愿意上的大学，但从那里毕业的往往都是强者。面对苦难，我们应该坚强起来把自己的情感和精力集中到有益的活动中去，做到这点，就能像贝多芬所说的那样："通过苦难，走向欢乐。"

第 06 章

敢于冒险，不要扼杀突破人生的可能

迎难而上,是每个人都应该有的冒险精神

很久能前,西方国家有很多胆大的人积累了大量的资本,获得了很多珍贵的资源,奠定了成功的基础;而那些胆小的人,因为过于被动,错过了成功的机会。对于大多数人而言,要想在人生中获得成功,就要敢于冒险,占据主动,获得先机。

在塞伦盖蒂草原上,每当炎热的夏季到来,原本丰茂的水草就会变得干枯,所以无数只角马不得不进行迁徙。它们的目的地就是水草丰美的马赛马拉湿地。尽管目的地值得期待和憧憬,但是这场迁徙却很艰难,因为角马们在整个旅途中,只会经过唯一一个水源地——格鲁美地河。看到这里,一定会有很多朋友想:那就赶快奔跑,到达格鲁美地河吧,那样就可以喝到甘甜的河水,继续生存下去了。然而,格鲁美地河对于角马而言意味着生机,却也意味着危机。有很多凶残的大型食肉动物会在此出没捕捉猎物,角马很有可能会被狮子、猎豹等捕食。而在河中水流相对缓慢的地方,还有可能潜伏着残暴的鳄鱼。所以,格鲁美地河既是希望之河,也是死亡之地。

每当快要到达格鲁美地河的时候,有很多角马即使非常干渴，也总是徘徊在靠近河流的地方不敢继续前进。最终，它们很可能会被渴死。而有些角马恰恰相反，它们有着理性和智慧，知道与其被渴死，还不如冒着风险去喝水，这样才能继续活下去。为此，它们怀着必死的信念来到河边喝水，然后成功渡河，继续迁徙，到达理想的生存地。

人有时候也会身处危机四伏的处境中。在这种处境中，是为了避免失败而无所作为，彻底失去成功的机会，还是为了哪怕是万分之一的成功的可能而去赌一把，拼搏一把？任何时候，都不要退缩和放弃。人总是需要冒险精神，迎难而上，才能推进事情不断发展，让自己获得更加丰硕的成果。

失败者失败的原因各不相同，成功者却有一个共同点。成功者最大的共同之处就在于，他们可以勇往直前，心甘情愿冒更大的风险，博取梦寐以求的成功。成功从来不会青睐胆小者，每个人要想获得成功，都必须不忘初心、勇敢无畏，面对人生的坎坷和挫折时越挫越勇，迎难而上。

冒险也要放手去做，青少年要有果断的执行力

生活中，相信每个人都有自己的梦想。然而，真正能实

现梦想的人是少数，大部分人还是庸庸碌碌地度过一生。究其原因，是很大一部分人缺乏冒险精神。他们在行动前，就为自己想好了失败之后的退路。因此他们永远都不会有什么成功，只会与目标渐行渐远。所有的成功者都必定有着果断的执行力。可能一直以来，你认为自己是个勇敢的人，但一旦要到真正可以表现自己勇气的时候，却左右迟疑、不敢付诸实践。其实，这不是真的勇敢。因为勇敢不是停留在言语上，而是要放手去做的。

梦想有时只是个痛快的决定，只要想做，并坚信自己能成功，那么你就能做成。这正是行动的作用。世界著名博士贝尔曾经说过这么一段至理名言："想着成功，看看成功，心中便有一股力量催促你迈向期望的目标，当水到渠成的时候，你就可以支配环境了"。

我们先来看下面一个寓言故事：

一天，有人问一个农夫他是不是种了麦子。农夫回答："没有，我担心天不下雨。"那个人又问："那你种棉花了吗？"农夫说："没有，我担心虫子吃了棉花。"于是那个人又问："那你种了什么？"农夫说："什么也没有种。我要确保安全。"

其实，生活中那些因为畏手畏脚而失败的人又何尝不是

第06章 敢于冒险，不要扼杀突破人生的可能

和农夫一样呢？事实证明，如果能够坚定方向，放手一搏，那么成功的概率总比什么都不做要大。在你的生命中，有时候需要做出困难的决定。但这不意味着放弃做决定，而是应该聪明地做决定，并且坚决执行。

世界著名企业家狄奥力·菲勒并非出生贵族和官宦之家，相反，他生于一个贫民窟，但在幼时他就表现出了与众不同的财富眼光。

很小的时候，他做了第一笔生意。那时，他想买玩具，可是又没钱，于是，他把从街上捡来的玩具汽车修好，让同学玩。然后向每人收 0.5 美元。很快，不到一个星期的工夫，他挣到的钱就能买一辆新的玩具车了。

成年后的菲勒更是有着惊人的生意头脑。一次，日本的一艘货轮遇到了风暴，船上的一吨丝绸被染料浸过，上等的丝绸变成没人要的废品。面对这种情况，货主打算把这些布匹都扔了。菲勒听到这个消息后，马上找到货主，表示愿意免费把这批废品处理掉，货主非常感激。得到这匹布，菲勒就把它做成了迷彩服装。这笔生意让他赚到十余万美元。

再后来，菲勒曾用 10 万美元买了一块地皮。一年后，新修建的环城路在那块地附近经过。一位开发商用 2500 万美元从他手中买走了那块地。

菲勒的成功不在于没有遇到困难，正相反，他的成功来自在面对困难时快速而正确的决断和坚定的执行。

现代社会，没有超人的胆识，就没有超凡的成就。勇于尝试就有做一个成功者的机会。胆量是使人从优秀到卓越的最关键的一步。生活中的你，也要有勇气和胆量，你也应该跨越传统思维的障碍，时时刻刻寻求新的变化，并敢于释放自己、改变自己。当然，要做到敢为人先，你还必须从现下的生活和学习中加以练习，为此。你需要做到：

1.丰富自己的知识结构以开阔视野

在我们的日常生活和工作中，常常用视野比喻人的眼界开阔程度，眼光敏锐程度，观察与思考的深刻程度等。可以说，视野是不是开阔，是衡量人的综合素质的重要标尺。而视野开阔与否，取决于知识掌握的多少，取决于思想理论水平的高低。常言道，学然后知不足。勤于学习的人，越学越能发现自己的不足，于是想方设法充实自己、提高自己，学到更多的东西，视野也越来越开阔。

2.打破现有的安逸假象

一个人不愿改变自己，往往是舍不得放弃目前的安逸状况。而当你发觉不改变是不行的时候，你已经失去了很多宝贵的机会。

3.在心理上超越"不可能"的思想观念

想要解决问题,必须在思想中超越问题。这样,问题就不会显得如此令人畏惧。而且你会产生更大的信心,深信自己有能力去解决它。

在你进行尝试时,你难免会产生一种"不可能"的念头,比如,认为自己不能解决某道被人认为很有难度的数学题。但面对困境,你只有从心理上超越它,才能获得挑战它的勇气。

主动寻求突破,人生不能凑合

现实生活中,很多人的人生都是凑合出来的,他们对于每天的衣食住行凑合,对于生命的选择稀里糊涂,对于爱情也可以委曲求全。到底他们的人生是用心过出来的,还是随随便便胡乱凑合出来的呢?当然是后者。把好好的人生变成这样,实在令人悲哀。

在电视剧《何以笙箫默》中,男主角的一句话瞬间戳中追剧人的心:"如果世界上曾经有那个人出现过,其他人都会变成将就,我不愿意将就。"虽然这句话中没有任何与爱有关的字，但是平实的语言却给人带来透彻心灵的温暖。的确，面对无奈的人生，面对残酷的现实，面对故意捉弄我们的命运，我们还能怎么办呢？如果不能奋起抗争，不能果断坚持，那么就只能凑合。一次又一次的凑合，让生命在不断地流逝中渐渐褪色，一次又一次地将就，看似对眼下的人生没有太大的影响，实际上却慢慢地侵蚀了余后的人生。

人生从来不是用来假装的，每个人都应该更在乎内心的感受，而不要总是把所谓的形式放在第一位。人生也从来不是用来凑合的，凑合的选择不是对人生宽容，而是对自己懒惰的宽容。唯有努力认真生活的人，才能得到生命的馈赠，才能在生命之中有更好的表现和更大的发展。反之，凑合的人生必然越来越平庸。这就像是学生们在考试之前给自己制定目标，那些奔着一百分去的学生，至少也能考个九十多分，而那些只想及格的同学，则总是每一科都很差。

对于学习，我们不能将就，因为现行的高考政策仍然是寒门学子最主要的改变命运的方式，因而我们必须以成绩为自己代言，以努力为自己加分；对于工作，我们不能将就，因为一点一滴的付出，都会给予人生不一样的收获，所以将就固然能一时欺骗别人，却不能长久地欺骗自己；对于爱情，我们不能将就，因为将就的爱情既是对自己不负责，也是对他人不负责。既然人生之中事事都不能将就，时时都不能将就，我们又该怎么做呢？

不管你对人生的标准和要求是什么，你都必须做好一件事情才能应付瞬息万变的人生，那就是不断地突破自我，超越自己，提升和完善自我。然而，现实生活中，很多人都想不明白这个道理，他们不懂得唯有提升自我才能从根本上解决问题，而是盲目跟着形势去改变，最终使自己混乱不堪，不知所措，也让自己焦头烂额，对人生失望至极。人生是没有错的，会犯错的是我们面对人生的方式。孩子们，面对人生，一定要主动寻求突破，要有原则，不能凑合，这样才能享受人生。

逼自己一把，每个少年只有不断突破自我才能获得成长

自古以来，就有凤凰涅槃，浴火重生的说法。其实，凤凰是否真的存在，无人知晓，但是做人要想和凤凰一样获得新生，就要敢于涅槃，敢于锤炼自己。有一种人人都喜欢的动物和凤凰一样，也是敢于忍受痛苦重获新生的，而且这种动物也能在天空中翱翔。这种动物就是老鹰。老鹰的寿命很长，可以达到七十岁。但是，老鹰身上的各个器官在到达四十岁的

时候，就会退化。例如，老鹰的爪子会失去力量，也不够锋利，无法抓住动物；老鹰的喙会变得很长，而且特别弯曲，简直要伸到老鹰的胸膛上，根本不好进食；老鹰的羽毛也因为长年累月地生长，变得非常沉重，翅膀也会失去力量。因此，老鹰要想和年轻力壮的时候一样生存，几乎不可能。

处于这个阶段的老鹰面临两个选择，一个选择是无所作为，等死；一个选择是用将近半年的时间，让自己获得新生。在这个半年的时间里，老鹰会失去喙，失去爪子，失去羽毛，再等待这些东西重新长出来。可想而知，在此期间老鹰会面临很大的危险，随时都有可能失去生命。但是，这不能阻碍老鹰获得新生，因为它如果什么都不做，就必死无疑。明智的老鹰选择冒险，这样也许还会得到新生。为了让陈旧的喙脱落，老鹰要用喙不断地敲击岩石。在此过程中老鹰会非常痛苦，但是它不能停止，因为它知道此刻忍受痛苦是为了将来能够生存。在长出新的喙之后，老鹰会用喙拔掉自己的爪子。等待爪子长出来之后，老鹰再用锋利的爪子把自己身上的羽毛一根一根地撕扯下来。就这样，老鹰终于有了新的喙、爪子和羽毛，它重新充满生机，再次翱翔在天空中。经历这样痛苦的半年时间，在此后的三十年里，老鹰可以生存得更好。

其实，不管是人还是动物，要想获得新生，就必须

第06章
敢于冒险，不要扼杀突破人生的可能

勇敢地打破一个旧的我，成就一个新的我。当然，任何时候，打破自己都是难度很大的事情，这是一种博弈，是与自己的赌博。

古人云，天将降大任于斯人也，必先苦其心志，劳其筋骨，饿其体肤……作为一个普通人，我们未必有机会获得轰轰烈烈的成功，但是梦想总还是要有的，万一实现了呢？在通往梦想的道路上，哪怕付出再多的辛苦和努力，也绝不要放弃。当熬过人生中最艰难的境遇，我们就会进入"山重水复疑无路，柳暗花明又一村"的圣境，也才会让自己的内心充满力量，变得更加坚强勇敢，无所畏惧。

当然，人生的道路总是很难走的，没有人能够在人生成长的道路上走得很平顺，更多的时候，不如意是人生的常态，我们必须学会接纳命运赐予的一切，坦然面对人生之路，这样才能强大自己的内心，让自己变得勇敢无畏。正如大文豪鲁迅先生所说的，这个世界上本没有路，走的人多了，也便成了路。这告诉我们，即使面临无路可走的艰难处境，也不要轻易放弃，而是要坚信自己只要笃定和努力，只要始终坚持绝不动摇，就一定能够守得云开见月明，进入人生中更好的成长和发展阶段。记住，对自己狠一点，有涅槃的勇气和毅力，我们才能真正获得新生！

对自己狠一点，好孩子绝不贪图享受

曾经有个朋友跟我抱怨，说他自己本科毕业已经一年了，却还没有找到满意的工作，恋爱多年的女友也分了手。满心的愤恨都是怪家里没关系，不能给他安排一个好的工作，怪这世界太过现实，自己的人生已经没救了。我回他："你有手有脚为什么不自己出去找工作。想赚钱就自己拼，靠家里人算怎么回事。专业不对口就从基层开始做起，觉得不合适就尽早转行。能力不行就好好吃苦锻炼，学历不够就花时间好好学习，不断提升行不行？"虽然他被我回得哑口无言，但是我知道他的心里一定想着："拜托，我才刚刚毕业，还要去培训，才不要嘞。"

很多时候我们会绝望，并不是真的无路可走，而是面前能走的路似乎都太苦，那些舒服的路却没有挤过去的能力。这样的人们在社会里面有很多，既不愿意用吃苦去换未知的幸福，也偏偏没有能力去走自己期待中看似美好的道路。于是，他们开始对人生绝望，对社会绝望。其实，如果真的一时找不到合适的工作，那么一边找一份能够谋生的工作，一边提升自己的专业技能并不断地投简历找自己专业对口的工作，这样努力的人生难道不比窝在出租屋里守着一堆可乐、方便面打游戏，然后抱怨父母，抱怨社会的颓废生活好吗？

遇到困难挫折的时候，别再抱怨自己的父母和社会了。这世界上的富二代没有多少，想要通过给自己扣个穷二代的帽子，就心安理得地放弃努力，未免对自己人生的可能性也太过低估了。

我有一个表妹说要考一级建造师，考了三年都没过，这让她一度很怀疑人生。实际上，她每次都是吊儿郎当地翻着书，每天回家花一点时间复习就说已经完成了当天的学习计划，然后在临考前的半个月开始临时抱佛脚，指望最后的冲刺能够带来理想的结果。结果当然是不可能考过，她也耽误了三年的时间。

每次听到她抱怨考试没有通过的时候，我都会直接指出她的失败原因，然而她却并不认可，回嘴回的比我说的还多：我平时工作那么忙，哪有什么时间看书。白天忙了一天回来，晚上的时候我就想玩玩游戏放松一下，这也有错吗？同学朋友聚会，大家都去了，就我一个人不去，这也不合适呀。周末领导安排活动，整个部门的人都积极参与，就你不去，你也太不识相了吧……直到三次接连的失败，她终于受不了打击，痛定思痛，准备静下心来，认真备考一次。这回，表妹铁了心一定要过。于是，她给自己制订了详细的学习计划表并准备坚决执行。每天早上早起一个小时看书,下班以后坚决不碰游戏,将所有的空余时间都用来看书。考试通过以前,保留的娱乐活动就是看点课外书以及推不掉必须要去的"应酬"。因为要上班,看书的时间可以灵活调整,但是一定要保证每日有效学习两小时,周末加倍。

自从定下了这个学习计划表以后,表妹坚决按照计划执行。有时候碰上加班,回到家已经很晚了,还要坚持完成学习两个小时的任务。姑妈以前经常骂她不上进,回来就知道玩,现在看她正儿八经学习,有时候回来已经疲惫不堪了还要再熬夜继续学习,又心疼得不行,反过来劝她不要再学习了。但表妹这次却铁了心地坚持了下来。整整大半年的时间,她没逛过一次街,没追过一部剧,没玩过一次游戏,见证了这个城市的凌晨和黑夜。考试之前,表妹说我这次一定能过,最终的结果也如她所愿。当她在朋友圈晒成绩的时候,我到下面留言、点赞,真心为她高兴与喝彩。

人生从来都是很公平,该是你吃的苦吃完了,该给你的甜也就一定会给你。很多时候,并不是我们真的不行,其实只是对自己不够狠。舍不得下狠心逼自己前进,舍不得下狠心让自己放弃轻松与享乐,舍不得下狠心让自己学会自律,最终的结果也只能是失败与遗憾。

很多时候我们之所以会绝望，会认为自己的人生一事无成。其实并不是真的无路可走，而是别无选择的那条路看似很苦，所以被我们自动屏蔽了。这时，其实我们只要下点狠心，逼迫自己走上这条看似吃苦的路，首先将这阶段需要吃的苦吃下去，再来考虑该有的追求和收获，最终，相信这样有狠劲的我们，一定能够苦尽甘来。

勇敢少年的字典里没有"不可能"

在人类真正进入太空并在月亮上漫步之前，"嫦娥奔月"只是一个神话传说。然而当人类真正踏上月球，并且带回了月球上的泥土，"嫦娥奔月"就成了现实。

很久以前，面对浩瀚的大海，人们觉得自己非常渺小，甚至不敢想象自己有朝一日能够在大海中自由地远航，直到世界上诞生了巨轮，人们才相信原来人类的力量这么伟大，不但可以征服同类，也可以征服自然。

世界大到让人无法用脚步去丈量。然而在拥有了各种各样便利的交通工具之后，人们只需要十几个小时就能到达地球的另一端。网络的推行更是让整个地球变成了一个"小村落"。

总而言之，在科学不断前进的过程中，一切不可能都变成了可能，都有了真正实现的机会。对于怯懦者而言，这个世界上有太多的不可能；对于真正的勇敢者而言，一切的不可能都能够转化为可能，都是创造奇迹的好机会。要知道，一味地计较自己付出了多少、得到了多少，并不能让人得到幸福快乐。现实生活中有很多人把自己限定在特定的高度，或者是一定的圈子里，也因此把自己逼入了绝境。人生真正得到希望的时候，实际上也伴随着一定程度的绝望，而在人生面对绝境的时候，其实希望已经隐藏在绝境之后偷偷地到来。所以，不管面对怎样的人生境遇，我们都应该怀着一颗积极的心。生命的本质就是奇迹，每个人都是这个世界上充满了力量的存在。只要用心面对人生，不以消极心态面对需要解决的问题，我们就能够借助智慧，创造人生的奇迹。

1485年6月，哥伦布提出了一个让所有人都感到震惊的计划，那就是以航海的方式围绕地球转一圈。他相信，只要航行达到一定的距离，他就能到达真正的东方。当然，这样前所未有的航行需要大量资金，为此他四处游说当地的贵族，甚至请求国王出资支持他。在听说哥伦布的奇思妙想之后，很多人都坚决反对，在他们看来这个想法太荒谬了。但是哥伦布却始终坚信自己的想法。

看到哥伦布的态度这么坚定,很多西班牙人都妥协了,但是这并不是因为他们觉得无需反对哥伦布,而是因为他们认为哥伦布只要一路向西航行,走不了多远,就会被大海彻底淹没。所以他们认为哥伦布根本出不去大海,更不可能到达遥远的东方。为此,他们把哥伦布的设想当成一个笑话,根本不放在心上。没过多久,哥伦布首航成功。在有了首航成功的经验之后,哥伦布对于自己到达东方的设想更加信心满满,为此他开始筹划第二次航行。然而哥伦布的第二次航行却遭到了人们更强烈的反对,甚至有人想通过暗杀的方式打消哥伦布继续航行的念头。最终,哥伦布还是排除万难,发现了美洲大陆。不得不说,哥伦布创造了人生的奇迹,而这个奇迹来自突破那些字典里的"不可能"。

人生之中没有任何事情是不可能的,对于真正的人生强者来说,必须把"不可能"三个字从人生的字典里去除。一个人唯有满怀信心,让生命爆发出激情与活力,才能拥有更好的未来。

第 07 章

勇敢少年,越是磨难,越是砥砺前行

以积极的态度面对人生,训练自己坚韧的心

人生不如意十之八九,每个人都会遭遇各种各样的挫折。实际上,挫折是人生的常态。一些人因为遭遇磨难而自暴自弃,畏缩不前。但强者不会在遭遇小小挫折的时候就止步不前。古往今来,那些成功者、伟大的人,之所以能够成就伟业,就是因为他们有着勇敢无畏的心,在面对磨难时,能够越挫越勇。

挫折就像成长道路上的小石子、大石块和坑坑洼洼,总是对我们的人生产生各种各样的阻碍,但是我们不能因噎废食,不能因为这些障碍的存在,就不愿意继续朝前走。每个人的能力都是在不断发展和进步的,如果始终抱怨,而不以积极的态度面对人生,则人生必将停滞不前。只有走过人生中的各种挫折与磨难,我们才能坦然面对人生中的惊涛骇浪。

有个年轻人从名牌大学毕业后,一直没有找到合适的工作。原来,他自视甚高,总是对自己有着很高的期望,而不愿意降低自己的身份,去从事普通的工作。为此,他常常会感到失落,也因此而迷惘。后来,正值一家大公司大规模招聘,年

轻人赶紧去投递简历，参加面试。年轻人的确是有实力的，虽然面试的程序很多，要求也很严格，但是他过五关斩六将，最终和其他9个人一起，从一百多人中脱颖而出，进入到最后的总裁面试。

整个面试过程中，年轻人的表现都非常好。但是，在三天之内，他并没有接到公司的录取通知。他感到很绝望，居然趁着家人不注意，吃了一大瓶安眠药。幸好家人发现及时，把他送入医院，才救了他一条命。正在年轻人清醒过来的时候，他的家人用他的手机接到了公司的录取通知，原来公司的电脑程序出现错误，才没有及时通知到年轻人。但是在听说年轻人因为小小的挫折就选择自杀，暂时还不能去公司上班之后，公司领导经过一番权衡最终决定弃用年轻人，因为他们认为年轻人的内心太脆弱，未来在工作中一旦遇到困难和挫折，说不定还会做出什么过激的事情来呢！

一个人如果没有强大的内心，当在生活中遇到坎坷和挫折的时候，就会情绪激动，陷入更大的被动状态之中。用人单位当然不愿意聘用这样内心脆弱的员工。毕竟职场上的竞争是非常残酷的，而且职场上的变动也非常大，和这样内心脆弱的员工共事，公司不仅会担心同事关系的和谐，还会担心这样的员工因为一些莫名其妙的小事情就闯祸。因此，要想在工作中

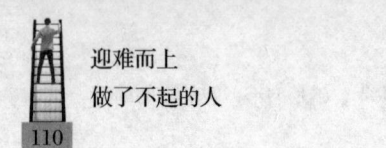

更加左右逢源，我们要先修炼好自己的内心。

挫折是每个人人生中的必修课。年轻人一定要正视挫折，才能在战胜挫折的过程中不断地成长，也才能提升自己的内心，让自己变得真正强大起来。记住，没有人可以一蹴而就，在成长的道路上，我们必须坚持前行，迈过各种坎坷和挫折，才能获得真正的成长。记住，每一个挫折都是人生成功的种子，我们要选择正确的方式呵护这粒种子，让这粒种子生根发芽、茁壮成长。当我们跨越了每一个挫折，我们的人生就会收获更加强大的力量，也会获得更加长足的发展。

记住，在通往成功的道路上，只有天时地利人和是远远不够的，还要对于人生有悟性，也要能够直面人生的各种不如意和磨难。在与挫折拼搏的过程中，我们一定要牢记一个道理，那就是如果我们战胜了挫折，就可以获得成长，如果我们败给了挫折，那么挫折就会成为我们的一个软肋。随着我们输给挫折的次数越来越多，我们的软肋也会越来越多。可想而知，总是向挫折妥协，必然会导致我们变得越来越被动和无奈，失去生的主动权。因此，明智的读者朋友们，一定要慎重对待挫折，绝不轻易向挫折缴械投降。唯有给予挫折强有力的打击，才能让挫折向我们低头！

意志坚强的少年，不会被任何挫折打败

正如人们常说的，困难像弹簧，你强它就弱，你弱它就强。在生命的历程中，我们会面临很多坎坷和艰难。当我们向困难缴械投降时，困难就会对我们趾高气扬。虽然人生不是战场，但是在面对挫折的时候，我们却要把人生当成战场。只有端正态度对待困难，绝不向困难屈服，我们才能在困难面前表现出坚强的姿态，也才能让困难向我们低头臣服；只有不断地努力前进，战胜人生的各种磨难，我们才能成为人生的强者，才能成为生命的主宰。

现实生活中，很多朋友都抱怨人生不顺遂如意。其实不如意正是人生的常态，也是人生的必然。与其怀着被动的态度面对人生，消极抵抗人生中的各种糟糕状态，不如摆正心态，更好地面对人生，从而发现更多的机会。挫折是人生的试金石，苦难是人生的必修课。一个人要想真正做到内心坚强，生命厚重，就一定要全力以赴奔向未来，也要给予人生更多的成长和希望。细心的朋友会发现，在顺境中长大的孩子，往往耐挫力很差，而在逆境中长大的孩子，承受挫折的能力会更加强大。许多成功者并非天赋过人，也并非得到了好运气的青睐，而是能够坚定不移地战胜挫折和磨难，锤炼自

己的心性，磨炼自己的意志，而绝不屈服。年轻人更要勇敢无畏地畅行人生，全力以赴做好该做的事情，让自己不断成长。

物理学家霍金二十几岁就患上严重的卢伽雷病，被固定在轮椅上，失去自由行动的能力。随着病情越来越严重，其全身之中只有大脑还可以自由运转，一个手指能活动。不得不说，这样严重的疾病，对于常人而言，哪怕是生存下来都很艰难，但是霍金却在这样的情况下坚持进行科学研究工作。

曾经，有一位女记者在参加霍金的学术报告会之后，非常同情地问霍金："在未来的人生中，您都将在轮椅上度过，您是否对于人生有莫大的遗憾呢？"霍金的脸上始终带着平静的微笑，他用唯一能活动的手指，缓缓地敲击键盘，很快，他的回答出现在巨大的屏幕上："我还有手指可以动，我还有大脑可以思考，我还有值得投入毕生的事业，我还有爱我的人和我爱的人，我感恩生命……"看到霍金的回答，大家都陷入沉默之中：霍金的人生在常人看来简直糟糕透顶，但是他对生命只有感恩，没有抱怨。

当人生只剩下大脑和手指可以活动，该是多么悲哀和无奈啊！但是，霍金坦然接受了命运的安排，自从二十多岁发现身患卢伽雷疾病之后，他没有放弃希望，而是非常努力学习，在科学的道路上坚持前进。正是因为有着这样坚韧不拔的精神，霍金才能成为科学的巨人，才能推动整个人类社会的发展。

成功也许需要不同的条件和因素，但是它们有一个共同点，那就是必须翻越坎坷挫折。常言道，天无绝人之路，人生没有绝境。因此，不管面对怎样的境遇，我们都要继续坚持，绝不放弃，也要全力以赴，经营好人生的各个阶段，应对好人生的各种状态。如果一定要说成功者与失败者之间有什么区别，那么唯一的区别就是成功者面对失败更有勇气，意志坚强，而失败者面对失败却常常一蹶不振，再也无法振奋精神去面对一切。

记住，任何时候都不要抱怨，因为抱怨不但无法战胜挫折，反而会导致我们在成长的过程中面临更多的挫折。唯有直面挫折，意志坚强，百折不挠，我们才能更好地成长，也才能在未来的人生道路上获得更多的收获。

坚韧不拔，从少年时代开始雕刻未来成功的人生

这个世界上，从未有一蹴而就的成功，也没有天上掉馅饼的好事。很多时候，我们看到别人有所收获，有所成功，就

会非常羡慕。殊不知，别人看似一夜成名，而实际上在真正功成名就之前，却经历了各种坎坷挫折与磨难，不知道坚持了多久，付出了多少汗水，才获得成就。

人都有比较的心理，在日常生活中，当看到别人获得成功，或者有很大的收获时，我们难免会有落差，郁郁寡欢。实际上，我们与其不断地陷入被动状态，让自己的内心慌乱无比，不如调整好心态，平静淡然面对人生的一切，这样才能让自己心情愉悦，积极主动地面对生活和工作。

在如今的时代里，人人都承受着巨大的压力，容易变得紧张焦虑。常常听到有人说"如果我爸爸是马云多好""上班就像上坟一样沉重""每一天的生活都一成不变，人生一眼看到老"等。诸如此类的话明显地表现出人们的焦虑心态，也有很多人常常会在这样的过程中迷失自我。其实，与其说这些抱怨的丧气话，还不如努力提升和完善自己，以更加积极的心态面对生活。不可否认的是，在生活的重压之下，的确有很多人会怀有负面情绪，也会心怀抱怨。尤其是在大城市里，很多年轻人每天的生活就是早早起床上班，披星戴月回家，个人时间被不断挤压，这当然会使他们感到身心俱疲。到了周末，他们因为疲惫，根本不想参加娱乐活动，只想待在家里睡懒觉。很多年轻人都抱怨自己是在生存，而不是在生活。

第07章
勇敢少年，越是磨难，越是砥砺前行

在日复一日枯燥乏味的生活中，很多人会忍不住问："我这么疲惫辛劳，到底是为什么呢？"的确，当生活只剩下忙碌，工作就成了生活的全部，而生活本来的意义却被挤压消失。当偶然回顾生活的时候，我们会忍不住抱怨：为何别人都过得那么好，唯独我这么辛苦、疲惫甚至完全失去了自己呢？其实，你只是误以为别人都生活得很好，真相是大多数人都生活得很疲惫，他们只是在默默地坚持和努力。所以不要误以为别人都生活得很好很轻松，也不要觉得自己辛苦奔忙就活得很糟糕。更多的时候，成功之前总会有很多失败来袭，黎明之前也总会有最黑暗的时刻。最重要的是，我们一定要坚持，绝不放弃，这样才能获得成功。

大学毕业后，雅芝不想和其他同学一样四处辛苦地找工作，而是想开一家淘宝店铺。雅芝取得了爸爸妈妈的同意，并从爸爸妈妈那里得到了第一笔启动资金后，就开始了自己的创业生活。

然而，开淘宝店铺并没有那么容易。每天，雅芝都要辛苦地上新，还要拍摄各种图片发布到淘宝上。虽然雅芝非常辛苦和疲惫，但有一段时间，雅芝的淘宝店铺简直到了入不敷出的地步。她甚至有想要把店铺关掉的念头，但是一想到成功总是不容易获得的，她又说服自己坚持下去。如此过了很长时

间，雅芝的淘宝店铺生意转好了，雅芝为此感到非常欣慰和满足。

如果雅芝轻而易举就放弃，那么她根本不可能获得后来的成功。正是因为雅芝一直坚持，她才能够看到转机，把淘宝店铺经营得越来越好。很多事情，都是先苦后甜的，甚至是一波三折的。所以当你做事的过程中遭遇挫折，不要悲观，也不要绝望，而应心怀希望，并努力坚持。

现实生活中，从未有人能够轻而易举获得成功，成功的人都具有坚韧不拔的精神。记住，熬，是人生的秘诀和成功的途径。

天上不会掉馅饼，每个少年要用持久的付出换成功的人生

屠呦呦获得诺贝尔化学奖，让世界都为之震惊。实际上，在获得诺贝尔化学奖之前，她一直坚持医药学研究，没有名利，没有特别多的收获，但却始终坚持进取，不愿意放弃。如果没有平日里的积累和坚持，她如何能够获得成功呢？

很多不知道屠呦呦的人，都很惊讶："屠呦呦怎么突然就获得成功了呢？"实际上，屠呦呦之所以获得成功，是因为

她一直在努力，一直在付出，而且从来不害怕寂寞，更不害怕坐冷板凳。所以她才能够不忘初心，方得始终。

现实生活中，有太多人都想获得成功，却始终不能如愿。这是为什么呢？这是因为他们在做事的过程中，不能坚持，总是在不知不觉中就选择放弃。日久天长，他们当然会失去各种好机会，也会在成长过程中陷入很多的困境和疑惑之中。实际上，人生从来没有天上掉下来的"馅饼"，一个人要想成功，就绝不可能不经历任何坎坷挫折。我们必须认清这个现实，必须更加努力做到更好。

2012年，莫言获得诺贝尔文学奖。在世界文坛上，莫言是第一位获得诺贝尔文学奖的中国作家，也是中国人的骄傲。早在获得诺贝尔文学奖之前，莫言就已经在文学的道路上执着前行了很久。他一直在坚持创作，从未因为任何原因而放弃过。在2012年获得诺贝尔文学奖之前，他已经获得了很多奖项。然而，即便如此，莫言依然是不为人们所熟知的。在获得诺贝尔文学奖之后，莫言似乎一夜之间火了起来，但是他并没有因此而感到骄傲，而是很淡定，告诉自己先高兴一个小时，接下来继续努力创作。就这样，莫言一直在努力创作优秀的作品，他最想做的事情就是创造出更多的作品。由此可见，莫言之所以能够获得诺贝尔文学奖，绝非偶然，而是因为他能够耐住寂寞，也能够始终在文学的道路上努力进取，获得成长。

在喧嚣的状态下，人们很难静下心来完成更多伟大的事情，而只有在孤独寂寞的状态下，他们才能把事情做得更好，也才能找到内在的驱动力。尤其是在如今的职场上，我们更要努力奋斗和进取，才能让事情有好的发展，也才能让人生有更美好的成长和未来。记住，成功只属于耐得住寂寞的人，只有坚定不移地把冷板凳坐穿，我们才能在成功的道路上不断地努力进取，也才能获得更大的成功和更丰厚的收获。

努力比任何东西都来得真实

许多内向者觉得自己很平凡，能力很普通，先天条件的欠缺导致他们对自己丧失了信心，在他们看来，不管自己如何努力，最终都只会成为一个平庸的人。抱着这样的想法，他们不想去努力，只是浑浑噩噩地生活着，甚至选择自甘堕落。然而，内向者浑然忘记了，成功的路从来不是一帆风顺的，许多人也曾迷茫过，也曾不知道未来究竟在哪里。但是，成功者以自己的经历告诉我们：相信梦想，梦想自然会回馈于你。努力比任何东西都来得真实，用坚韧换机遇，用时间换天分，哪怕走得很慢，但终会抵达。

我们都听过龟兔赛跑的故事。故事中，兔子机灵，跑得快，它以为自己胜券在握，所以安心地睡起了大觉。谁知道看起来慢吞吞的乌龟，却以自己百倍的努力以及坚持不懈的精神更快地达到了终点，谁能笑到最后，还真是不一定。

大学毕业后，威廉的求职战役正式打响了，他向大部分知名企业投递了简历，也天天跑招聘会。但自己的努力却看不见任何收获，那些投递出去的简历如石沉大海，招聘会上的面试官也杳无音信。威廉在找工作的路途上可谓是曲折坎坷，但他始终努力着。遇见了太多糟糕的事情，他反而觉得一切都会慢慢好起来；情绪太过糟糕，他反而知道应该如何来梳理情绪；了解了自己的缺点之后，他反而知道什么工作才是最适合自己的。在每一次求职失败后，威廉都会反思自己的缺陷和不足，总结失败的经验，从来没有放弃过努力。当然，最后威廉如愿找到了一份好工作，这与他平时的努力是分不开的。

威廉说："天赋决定了一个人的上限，努力则决定了一个人的下限。"许多年轻人根本没有努力到可以比拼天赋，就已经放弃了，威廉深知自己没有一步登天的天赋，所以只能用

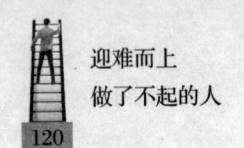

努力的时间来换取天分。

成功恰巧就是运气撞到了努力而已,努力永远不会有错,即便现在无法感受到努力的回报,但未来它定会发挥作用。选择自己喜欢的事情,然后努力坚持做下去,相信梦想,更要相信努力,因为遗憾比失败更可怕。当你在追逐梦想的时候,这个世界总会制造许多挫折与困难来阻挡你,残酷的现实会捆住你的手脚,但其实这些都不重要,重要的是你要有努力到底的决心。

平庸并不可怕,可怕的是永远平庸。既然上帝没有给予我们天赋,那我们就用后天的努力来弥补。越努力越幸运,如果你觉得自己平凡,那就用努力换天分。当然,在这个过程中,我们要始终相信努力奋斗的意义,让未来的你,感谢现在拼命努力的自己。保持你的努力,你最终一定会得到回报,这个回报可以为你带来强大的动力。

遭遇窘境,你要不断调整自我

每个人,在不同的人生阶段,都会有不同的人生境遇。随着时间的流逝,我们遇到的人和经历的事情,都会发生改变，在这种情况下，我们曾经设想好的一切，也会随之改变。因此，我们必须顺应形势，与时俱进，及时调整自己的思路和态度，才能为自己找到最佳出路。

读过名人传记的朋友们会发现，很多人之所以能够获得成功，并非因为他们得到了命运的眷顾，而是因为他们在人生之中不断尝试，因而最终找到了最佳出路。尤其是那些在某个独特领域做出特殊贡献、创造伟大成就的人，更是在尝试了无数次之后，才找到了人生的方向和出路。因此对于那些抱怨生不逢时、时运不济的朋友，我们必须问问他们：面对人生的窘境，你们是否从未放弃，不断尝试呢？

很多时候，人是习惯于墨守成规的。尤其是当一切已经习惯成自然，人们更是会被固有的思维禁锢住，不知道如何打开思路。实际上，很多时候，禁锢和限制我们的就是自己。

中秋时节，很多人都喜欢吃膏腴肥美的大闸蟹，但少有人知大闸蟹的鲜美味道来源于其成长过程的艰辛。大闸蟹从幼小的蟹苗，到发育成膏腴肥美的成蟹，需要蜕皮十八次。每一次蜕皮对于螃蟹而言都是生死攸关的，但是为了成长，它们必须勇敢面对，也必须迎难而上。人生也是如此，没有任何人的成功是不经受挑战和挫折磨难，就轻而易举获得的。既然如此，就让我们把挑战当成是成功的前奏，让我们竭尽全力奏响

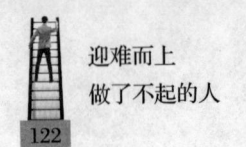

前奏,迎接成功的到来吧!

即便是已经获得成功的人生,也不会因为一次的成功而从此一帆风顺,已获得的成功甚至会使我们的人生面临更多的挑战。因为追逐成功从来不是一记重拳出击,而是能够负重前行。永远扛着肩膀上那份沉甸甸的责任,让人生之花绚烂开放在泥泞之中,让人生之树傲然挺立,迎风冒雨也依然郁郁葱葱,枝繁叶茂。

每个人的心底里都隐藏着巨大的能量,不要以为自己是不能经风历雨的温室花朵,其实心底的能量能使我们像野草一样野火烧不尽,春风吹又生。任何情况下,只要我们坚持不懈,就一定能够战胜困难,超越挑战,绽放与众不同的生命之花。

很多朋友都曾有过在上坡路上骑自行车的经历。几乎每次前进都要咬牙坚持,然而,一旦松懈,我们又面临着倒退的风险,只有坚持不懈,才能最终抵达顶点,享受高处一览无遗的快意。正如古人所说,一鼓作气,再而衰,三而竭,我们必须坚定信念,才能在紧要关头把握自己的命运。

很多人都曾看过海明威的《老人与海》,在出海的过程中,老人独自降服大马林鱼,而又与鲨鱼群进行殊死搏斗,虽然他最终只把光溜溜的大马林鱼的骨架带回港口,但是他坚定不移的信念却从未动摇过。只要精神永存，老人永远都是打不倒的强者。孩子们，我们必须突破自我，才能勇创辉煌，而突破自我就要迎接挑战，超越困境，你做好准备了吗？赶快行动起来吧！

第08章

端正心态，心怀感恩的孩子能从容面对未来人生的得与失

淡定从容,年少的心不要急功近利

很多人之所以对人生感到害怕和恐惧,是因为他们过于看重得失。在很多人心里,得到与失去是完全对立的两个词语,对于一件事情不是得到就是失去。他们渴望得到更多,而不愿意失去任何已经拥有的东西。实际上,人生是在得失之间不断转换的。既然如此,唯有端正心态,从容地看待人生的得失,才能够不因为人生的失去而抓狂,也不因为人生的得到而狂喜。每个人都应该更加关注人生的过程,而相对忽视人生最终的结果。否则,如果怀着一颗急功近利的心,不管做什么事情都在计算得到与失去,那么人生又如何能够避免在计算中失去磅礴的格局,并且为此而变得小肚鸡肠、不堪一击呢?

其实,在这个世界上并没有真正的上帝,也没有所谓的造物主,一切的遇见都不是外力所能决定的。对于每个人而言,我们既无法预测人生未来会发生什么,也不能决定人生将来的走势,唯有坦然面对人生的得到和失去,才能够在人生之中拥有更好的发展。塞翁失马,焉知非福。所谓的福和祸其实是相依相伴的,所以在人生得意的时候,我们无须过度狂喜，更不要对他人趾高气扬。在人生遭遇失意的时候，我们也不要盲目地悲伤，更不要自我放弃，让自己在厄运中变得彷徨。有的时候福气和灾祸会相互转化，得到和失去也同样如此。如果能换一个角度看待事情的结果，我们就不会因为失去而感到愤愤不平，也不会因为得到而内心狂喜。很多时候，换一个角度来看待问题就能让我们更加淡定从容，不至于因为所谓的得失而产生情绪失控。

从本质上而言，这个世界遵循着能量守恒定律，并没有绝对的得到与失去，所谓的得到与失去，只是相对而言的。能量会在人们之间相互转移，保持着恒定，在这种情况下，我们唯有看淡失去，也不看重得到，才能让自己保持淡然的心境。平常心并不是伪装给别人看的，而是为了把得失置之度外，从而集中所有的精力去做该做的事情。当我们怀着坦然从容、随遇而安的心境，也许成功就会不期而至。

每个年轻的生命，都要学会掌握自己的命运

每每说起"命运论"的时候，有人质疑，有人认可，也有人保持中立。其实，重要的不是真相究竟是什么，而是你相

信什么。人生中的很多事情都是这样：信则有，不信则无。显然，命运也是其中一种。面对失意、面对失败，有人推诿于命运，有人归咎于他因，寻找这类原因总是很容易的，因为谁也不用负责任，张嘴说说就好。真正伟大的人却是明明知道"命运"的存在，但依然不信命，依旧热爱并努力改写并不完美的命运。这样的人物，历史上比比皆是，生活中也是信手拈来，你不禁为他动容，为他着迷，想要为他喝彩。在这许多人中，张幼仪也是其中之一。

张幼仪每每被提起时，身上最大的标签就是"徐志摩前妻"。正是因为徐志摩和林徽因的风流往事，更多的人认识到了她，将她与徐志摩生命中的几个女人作比较，评价她既没有林徽因的才情，也没有陆小曼的风情，只是徐志摩的"弃妇"，一个被徐志摩嫌弃为"土包子"的封建家庭大家闺秀。显然，这一切评价对她而言都极其的不公平，极其的片面。你相信一个说出："人生从来都是靠自己成全"的女子会是一个逆来顺受，什么都不懂的无知妇女吗？事实上，就在坊间忙着议论她的前夫与其他女人的风流韵事的时候，她正在奋力改写自己的命运。有谁能想到，前半生走过重男轻女的家庭，经历过不幸婚姻的张幼仪，后半生却摇身一变，成了上海首屈一指的女士服装公司总经理和女子商业银行的女总裁。

正如她所说的："人生从来都是靠自己成全。"年幼的张幼仪出生在宝山县的一个富裕家庭，看似什么都不缺，令人羡慕。但其中的辛酸与无奈也只有她自己知道。就像多年以后，她在自传里写的：在中国，女人家是一文不值的。她出生以后，得听父亲的话；结婚以后，得服从丈夫；守寡以后，又得顺着儿子。你瞧，女人就是不值钱。对此，张幼仪并不是说说而已，因为她的前半生，就可以这样被总结。但是好在，她从没有选择认命，从没有就此放弃改写自己的人生。

十二岁时，她在报纸上看到一所学校的招生启事，收费低廉到让她父亲不好意思拒绝。于是年幼的她便主动努力，准备考试，最终顺利被录取，千方百计为自己争取到了受教育的机会。原以为就此挣脱了封建家庭的束缚，不曾想却还是被一纸婚约送进了包办婚姻的围城，无可奈何又避无可避。而这段婚姻的结果众所周知，张幼仪不仅因此被迫中断了自己的学业，浪费了大好前程，更是在生完两个儿子以后，惨遭徐志摩的抛弃，成为别人口中的"可怜人"。

殊不知，张幼仪坚信：命运兴衰，人生苦乐，全都取决于自己。对婚姻生活彻底死心后的张幼仪很快调整好自己的生活重心，一边照顾孩子，一边学习德文，甚至还考上裴斯塔洛齐学院。学习期间，她学着去听歌剧，去看艺术展。最终，在陌生的异国他乡，她的魅力不仅征服了周围的朋友，甚至还有当初那个讽刺他的前夫徐志摩，他对友人说："她（张幼仪）可是一个有志气有胆量的女子。"然而，命运并没有就此格外关照起张幼仪。在国外生活期间，她的幼子不幸夭亡。自此，了无牵挂的张幼仪选择了回国发展。她回国与自己的八弟还有朋友一起合开了一间服装厂。原本只是想挂名占个股份，为自己留一份保障，却在服装厂的经营期间意外发掘了自己的经商思维。她开启私人订制的创新服务，革新了原有的服装面料，款式上倡导中西结合。从此，"云裳"很快就成了上海首屈一指的女士服装公司。曾经被嘲讽为"土包子"的张幼仪，如今却引领着上海滩的时尚潮流。这是如此讽刺却又如此励志。

在商界获得初步成功的张幼仪很快又遇到另一个发展机遇，濒临倒闭的上海女子商业银行找到张幼仪，希望她能够担任银行的总裁，拯救他们于水火之中。自此，张幼仪再度走入大众视野。更多的人这才惊讶地发现，她早已不是当初那个唯唯诺诺又自卑的"土包子"，而是一个自信满满又能言善辩的女总裁。在张幼仪的努力经营之下，女子银行很快就扭亏为盈，并且创造了当时金融界的奇迹——储蓄资本超过两千万。由此，张幼仪成了受人瞩目的新时代女性，成功改写了自己原本悲惨的命运。

鲁迅先生曾经说过：真的勇士，敢于直面惨淡的人生，敢于正视淋漓的鲜血。无独有偶，罗曼·罗兰也说过：真正热爱生命的人，是认清了生命的真相之后，却依旧选择热爱生活的人。这两段文字，阐述不同，表达的本质却是一致的：勇气，是我们敢于和命运抗争的第一人为因素。都说，命由天定，我们却依旧有能力、有机会去选择不相信。因为只有敢于质疑，才有改变命运的可能。而只要勇敢改变，你会发现，命运最终还是掌握在我们自己的手中，从来无关他人。

青春要轻舞飞扬，更要沉下心来

从各种各样的影视剧中，我们得到了太多的误解，觉得青春就是轻舞飞扬，一切都热情而美好，充满激情，让人心生希望。实际上，青春从来不是这样的，真正的青春该有成长的疼痛。年轻人对世界懵懂无知，总是会做出各种各样的错误举动,甚至导致自己无路可退。面对青春,所以,只有一颗充满激情的心是不够的,更要沉静下来,做好准备迎接青春阵痛的到来。有人说,青春的目的是为了体验疼痛,这句话其实很有道理。谁的成长不是经历疼痛才得到的呢？很多人喜欢喝陈年的老酒,因为觉得老酒更加香醇,殊不知,老酒的香醇要经历漫长的发酵。还有人喜欢珍珠,因为珍珠圆润光滑,色泽美好,却不知道要形成珍珠,一粒沙子要在珠母中度过漫长的黑暗岁月,才能最终在珠母分泌物的包裹下变得圆润透亮。一切美好的事物都要经历痛苦的包裹,才能最终成型。人生从来不是一帆风顺的,大多数人都要经历各种不如意和磨难,才能最终破茧成蝶,凤凰涅槃。

不要再抱怨青春不像想象中那么美好,青春的目的就是感受痛苦,只有疼痛才能让青春更真实,也让生命更有分量。疼痛的青春为我们积累经验,帮助我们不断成长。记住,没有任何人能够不经历疼痛就来到这个世界上。小小的婴儿,在经历母亲产道的挤压时,也一定感受到疼痛,但是这样的疼痛和挤压却让他们的身体更健康,也让他们能够发出嘹亮的哭喊声宣告自己的到来。同样地,青春就是一场蜕变,我们必须不断地褪掉厚重的硬壳,不断突破自己,才能最终轻舞飞扬。

第08章
端正心态，心怀感恩的孩子能从容面对未来人生的得与失

小可情窦初开，也正在享受美好的初恋。在品尝到爱情甜美的滋味之后，小可开始饱受爱情的折磨，因为她与男朋友经常会因为各种事情发生争吵，这使得她原本平静淡然的心变得如同水流湍急的溪水，总是时不时地撞在一块块尖锐的石头上。直到有一天，男朋友向她提出分手，说他们之间性格不合，总是发生冷战或者是吵得不可开交，她才意识到只有分开才是彻底的解决之道。经过这段恋情，小可痛彻心扉，但是她还是不愿意接受分手的现实。她总觉得这是自己的初恋，而她曾经的梦想就是能与初恋携手走进婚姻的殿堂。等小可把自己的苦恼告诉小姨时，小姨不由得觉得好笑，但是小姨却没表现出嘲笑小可的意思，因而语重心长地对小可说："小可，在这个世界上能够与初恋走入婚姻殿堂的人少之又少，你知道这是为什么吗？"

听到小姨的话，小可觉得很惊讶，难道大家的梦想不都是与自己的初恋执子之手，与子偕老吗？小姨似乎看透了小可的心思，笑着说："你可真是一个小姑娘，大概是偶像剧看多了，所以才会对爱情有这么不切实际的幻想。大多数初恋在一起都缺乏对彼此的了解，而且因为都是第一次谈恋爱，所以根本不知道怎样才能与对方好好相处。因此，当你真正成熟时，你会意识到所谓初恋就是互相成长，互相来尝试如何面对

爱情的过程。"小姨的话让小可陷入沉思,也不免觉得很失望:"原来你们大人都是这么理解初恋的,我却觉得初恋是惊天动地、不能舍弃的。"小姨又说:"那么你再想一想,如果两个不合适的人非要勉强在一起,还有什么意思呢?就像很多成人在结婚之后,如果觉得双方性格不合也会选择离婚一样,勉强把自己与初恋捆绑在一起,结果一定会好吗?"小可最终还是接受了分手的事实。

既然男朋友提出了分手,小可当然也不能死乞白赖地纠缠男朋友。在同意男友分手的请求之后,小可从此之后把所有的时间和精力都用于学习也因此取得了优异的成绩。这时,小可心中对于初恋的怨气才完全消失。她说:"我应该感谢他当初提出分手,否则我真不知道两个人总是吵架,又如何能够把学习搞好呢?现在,我才知道两个人在一起应该相互包容,而不是彼此指责,所以我应该已经做好准备迎接下一场恋爱的到来了。"

在体验过受伤的初恋之后,小可感受到了彻骨的疼痛,又在真正度过痛苦的阶段之后,最终释然。人生之中总有很多第一次等待着我们去经历,大多数年轻人在没有任何思想准备的情况下,遭遇到青春的疼痛。因此,他们会觉得难以面对和接受。甚至有些年轻人会问:为什么要说美好的青春岁月,完全就是悲惨的青春岁月。人面对痛苦时，不管来自身体还是心里，总会情不自禁地想要逃避。曾经有心理学家指出，人逃避痛苦的欲望甚至超过追求幸福的欲望，所以沉浸于痛苦之中时，年轻人往往很难看到痛苦的价值和意义，只有等到走过那段岁月再回首，才能意识到自己正是因为经历了痛苦才获得了成长。

每个人都需要知道的是，命运从来不会让任何人白白承受痛苦，而是会让每一个人在伤口结疤之后拥有淡然从容。现实生活中，我们常常羡慕有些人总是非常冷静沉着，却不知道他们的淡然是建立在曾经的痛苦之上的。作为年轻人，哪怕痛苦让我们无法忍耐，我们也依然要承受，也依然要在面对痛苦时坚强地支撑过去。

上天给了我们青春的岁月，不是为了让我们纵情肆意地享受，而是要让我们在身强力壮的时候，勇敢地尝试，哪怕一次一次受到伤害，再一次一次地愈合，从而拥有更加强壮的身心。所以说，青春的本质不是无限风光，而是品味和承受疼痛。唯有在青春的时光里尽情地尝一尝疼痛的滋味，你对人生才会有更加深刻的感悟。

面对人生的不公平,唯有提升和完善自己

现实生活中,总有人抱怨人生不公平。人生的确是不公平的。但面对不公平的人生,我们与其怨声载道,意志消沉,不如勇敢地面对人生,接受不公平的现状。人生处于劣势的我们的就像被敌人的包围圈团团包围,此时,我们是束手就范,还是努力从包围圈中打破缺口,从而取得突围呢。当我们把不公平甩在身后,不公平就无法伤害到我们,当我们把不公平踩在脚下,我们的实力就会让不公平消失于无形。所以面对人生的不公平,我们不应该抱怨,而是应该提升和完善自己,用自己的坚强和努力突破困境。

世界原本就不是根据公平的原则建造的。就像在大自然之中也有生物链存在,弱肉强食是自然中唯一的生存手册。人们常说大鱼吃小鱼,小鱼吃虾米,虾米吃烂泥。如果我们想让自己拥有更多的权利和选择的空间,就要站在食物链的顶端。就像在自然界中,人可以吃很多动物,包括鱼、家畜,也包括天上的飞鸟,这都是由人的地位决定的。而在人类的社会中,如果我们想要获得地位和权力,想让自己说出的话更有分量,那我们就要提升自己。

不公平从每个生命呱呱坠地时就存在了,那些富二代官

第08章
端正心态，心怀感恩的孩子能从容面对未来人生的得与失

二代从一出生就含着金汤匙，他们从出生就拥有的一切，甚至是很多平凡人家的孩子穷其一生也难以获得的。难道我们作为普通人家的孩子就要因此而放弃努力吗？其实我们没有必要拿自己和他人去比，既然我们没有含着金汤匙出生，那我们就应该更加努力，以改变自己的命运，突破自身的困境。

其实，我们生活在和平年代，已是幸运。如果觉得不公平，不妨想一想那些正在饱受战火煎熬的难民是如何艰难生活的。在网络上，我们经常会看到非洲的孩子趴在地上喝水的图片或视频，有的孩子甚至连水都喝不上，我们还有什么资格抱怨不公平。记得曾经有个人在生意失败之后失魂落魄，想要结束自己的生命，在看到一个没有脚的乞丐趴在地上乞讨之后，他豁然开朗：即便生意没了，我也比那个乞丐拥有更多，至少我有健全的身体，和他相比，我有什么权利去抱怨呢？

这个世界是不公平的，与其整天抱怨，让自己心情灰暗，不如从对不公平的怨恨中走出来，坦然接受和面对不公平。既然人生本不公平，我们就更应该竭尽全力提升和改变自己，让自己站得更高，得到更多的选择空间。

从小，琳琳就知道人生从来不是公平的。当其他女孩儿都依偎在妈妈的怀中撒娇的时候，她不得不忍受失去妈妈的痛

苦。妈妈去世之后，爸爸也外出打工好几年都不回来一趟，琳琳只能跟随爷爷奶奶一起生活。然而命运并没有因此就善待她，一场突如其来的疾病使得她失去了听力，从此生活在无声世界里。此后，爷爷奶奶又相继生病。只有十岁的她不得不辍学在家照顾爷爷奶奶，每天清晨早早地起床喂猪、做早饭。然后，她还要赶着时间去地里干农活。尽管生活如此艰难，琳琳从来没有放弃努力。她还很想学习，于是她找来同龄人不用的课本，开始艰难地自学。

等到同龄的孩子都去上大学之后，爷爷奶奶的身体状况也有所好转，琳琳意识到自己不能永远这样留在家中。她和同村的人一起去到大城市的服装厂打工，依靠着助听器，她也可以正常倾听了。然而，厄运又到来了，琳琳的眼睛失明了。在经历了生不如死的痛苦后，她决定学习推拿。然而对于一个女孩子来讲，推拿无疑是非常耗费力气的活。但是她从来没有喊过苦叫过累，在推拿店当了两年的学徒之后，她终于掌握了推拿的手法。琳琳推拿的技巧纯熟，力道拿捏准确，她服务过的每一个客户都非常认可她，有很多熟悉的老客户都专门点名让她推拿。琳琳的生意越来越好，成为店里的一把好手，工资也越来越高。她为爷爷奶奶买了很多好吃的、好喝的，让爷爷奶奶在家里安心地生活。同时，她开始默默地攒钱，梦想着能拥有一家属于自己的推拿店。

五年时间过去，爷爷奶奶相继离世，琳琳独自一人在大城市漂泊，家乡已经没有了她的牵挂。此时，琳琳决定拿出自己所有的积蓄开一家盲人推拿店。毫无疑问，这个决定是很冒险的。然而她是一个很坚强的女孩，既然做出这个决定，她就绝不后悔，也愿意承担一切的后果。琳琳不相信命运会让她走投无路，也不相信人生会有绝路。刚开始时，推拿店的生意并不好，琳琳就辞退招聘来的员工，自己一个人勉力支撑。随着开店的时间越来越长，很多老顾客也找到琳琳的店里照顾她的生意，她的生意越做越好。几年之后，琳琳成了不折不扣的老板，几乎不用自己亲自去给客户推拿。没过几年，她又开了几家分店。琳琳把事业越做越大，因而动了心思想去治疗眼睛。她去了美国找了最好的眼科医生，很幸运，医生说她的眼睛还有救。经过一段时间的治疗，虽然只能看见模糊的人影，但是远远比生活在黑暗中好多了。琳琳终于迎来了人生的春天。

面对命运的不公平，如果一味地抱怨，只会让自己的人生更加灰暗。正确的做法是让自己变得积极主动，越是遭受命运的疯狂打击，越要鼓起勇气和信心去与命运对抗，最终成为人生的舵手，操控自己的命运。

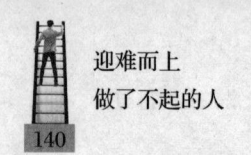

有的人之所以命运愈加悲惨，是因为他们面对不公平的时候只会抱怨。没有人能与命运理论，唯有接受命运的不公平，鼓起勇气正面面对命运，努力改变命运，才能真正地主宰人生。

与其解释，不如用时间来证明自己

人是一种强烈需要认同感的动物。所以，很多时候，我们把大量的时间用于了向别人解释我们的所作所为。但是，如果我们的行为没有损害别人的利益，也没有影响别人的生活，我们为什么要解释呢？仅仅是因为需要别人对我们说"看，他做的是对的"这句话吗？其实，不管我们多么努力，多么委曲求全，我们都无法让所有人都喜欢和认可我们。因此，我们只需要做好自己，不损害别人的利益。对于懂自己的人，即使不说，他也会明白；对于不懂自己的人，即使说得口干舌燥，他也依然不理解。也许有人会说，我们总是需要鼓励和支持。没关系，三两个知己的全力支持，足够支撑你走完艰难的成功之路。

曾经有人说，解释就是掩饰，掩饰就是确有其事。这句话未免有失偏颇，因为它把所有的解释都曲解为欲盖弥彰。说这句话的人，不会信任任何人。对于他们，一句话的解释都是多余的，因为他们从内心深处就不愿意相信别人，又怎么会在乎别人说了什么呢？其实，他们之所以如此抵触解释，就是害怕真相。而对于拒绝真相的人，就更没有必要去解释了。古人说，清者自清，浊者自浊。我们做人做事，只要凭着自己的良心，做到问心无愧就好，无需过多地在意别人的看法。毕竟，每个人都有自己的观点和考量，不会所有人都站在你的角度去考虑问题。很多时候，用语言去解释是苍白无力的，远远不如用时间和行动证明自己，这会比三寸不烂之舌更加让人信服。

菁菁和阿丽是大学时代的同窗，也是最好的闺蜜。大学毕业后，菁菁去了上海打拼，阿丽则回到了家乡的小县城，当了一名教师。对于刚毕业的大学生来说，回家真的是一种无奈的选择。阿丽虽然人回到了家乡，但是心却不甘，她一边在家当着老师，一边向往着繁华的大上海。她常常问菁菁工作的情况，当听说菁菁一个月能挣到五六千的时候，阿丽恨死自己一千多块的工资了。然而，父母坚决反对她辞职，她自己也担心到了大城市打拼太苦太累，不能适应。就这样，两个好朋友天各一方，但也没有断了联系。

几年之后，阿丽谈了个男朋友，到了谈婚论嫁的年纪。阿丽想买房，却没有那么多钱。想起好友菁菁在上海一个月工资那么高，肯定有很多积蓄，她向菁菁求援了。不想，菁菁说自己也在准备买房，而且积攒的工资都在股市里，一下子也拿不出来。听到菁菁的话，阿丽伤心极了，她觉得肯定是好朋友不想帮自己，所以找了推脱之词。

有一段时间，阿丽不再联系菁菁，偶尔菁菁找她聊天，她也是爱搭不理的。对此，菁菁并没有解释什么，她只说："各人有各人的难处，大城市开销很大，房价也贵得离谱。"就这样，两个好朋友生分了，联系也变少了。

直到和男友结婚度蜜月去了一趟上海，阿丽才知道菁菁在上海生活得并不像她想得那么风光。首先，就是上海的房价的确是太高了，菁菁所言不虚；其次，在大城市生活，各种成本和开支飙升，或许菁菁虽然拿着高薪，手里的积蓄却近乎没有。这次蜜月旅行，阿丽没有打扰菁菁，回家之后，她渐渐地和菁菁恢复了亲密友好的关系，虽然菁菁依然没有解释。

作为旁观者，我们永远不知道当事者真实的情况。就像事例中的阿丽，如果不是蜜月旅行去了上海，亲身体验了上海的高消费、高房价，也许还会一直埋怨菁菁没有帮她。幸好，这趟旅行让她理解了菁菁的苦衷。虽然菁菁自始至终没有解释，好闺蜜阿丽却了解了菁菁的生存状况。对于阿丽这样的真朋友，不需要解释，她也能理解。

生活中，工作中，误解常常发生，如果我们总是想把所有人心中对我们的疑惑都消除掉，那么我们就什么也做不成了。对于值得珍惜的人，再难也要解释清楚，对于不相干的人，再简单也无需解释。误解始终存在，我们却要坦然地活着，坦然地做最真的自己。

第 09 章

时光温柔,每个孩子都要趁现在努力提升自己

每个少年，都要用汗水拼一个未来

"不想当将军的士兵，不是好士兵。"这是拿破仑说过的一句名言，相信大家都非常的熟悉。这句话写出了一个人想要成功的野心，即雄心。我们要知道成功者都是因为自己有一颗"想要当将军"的野心而最终达成目标的。有野心就要去拼搏，敢于拼搏，不断地打磨自己，才能有朝一日展现出自己的光芒。珍珠，原本只是一粒沙子，它的存在不正好验证了这个道理吗？正如歌曲中唱的："三分天注定，七分靠打拼，爱拼才会赢。"古今中外，许多成功者都是经过拼搏而成就其伟业的，从他们的背后，我们看到的是汗水，是奋斗，是拼搏。

《与生灵共舞》中曾经有这样一个片段：

在云南的热带雨林里，曾经生存着一群大象，这群大象生活在一片荒原中，无忧无虑，无争无斗，安睦和乐，幸福无比。可是世事难料，有一天，病魔突然降临到这个象群中，并打破了它们原本无忧无虑的生活。

在经过一番挣扎之后，象群终于战胜了病魔，这群大象中的绝大部分成员都挣脱了病魔的纠缠，又迎来了幸福生活。可是有一只小象由于抵抗力比较差，一直没有恢复过来，就要撑不住而倒下了。

然而，大象是不能倒下的，一旦倒下，就会因为内脏之间的巨大压迫而损伤自己。倒下，意味着置自己于死地。

于是，就在小象即将倒下的那一刻，年长大象出现了，它们两个一组轮流用自己的躯体夹住小象的身体，支撑住这微弱但珍贵的生命，它们用自己的血肉之躯与命运抗争。终于，奇迹发生了，在大象群体的呵护下，小象慢慢恢复了元气，终于完全病愈。

看到这个故事，我们会有很大的心灵触动，我们感慨于这其间伟大的爱，我们更感慨于这其间敢于战胜命运的精神。面临生死，面临困境，如果自己倒下了，如果丧失了生活下去的信念，那么一切都将会结束。倘若你挣扎一下，奋力拼搏，支撑起自己活下去的信念，那么当你重新站起来的那一刻，你就会更加明白生存的意义。

孩子们，人生就是一场搏斗。敢于拼搏的人，才能成为命运的主人，否则你只能被命运牵着鼻子走。车尔尼雪夫斯基曾说过："历史的道路不是涅瓦大街上的人行道，它完全是在田野中前进的，有时穿过尘埃，有时穿过泥泞，有时横渡沼泽，有时行经丛林。"我们的人生不可能总是风平浪静的，人

们总会经历一些狂风暴雨。我们要想稳稳地站住，就应该不断地打磨自己，敢于拼搏，永不放弃。永远记住：爱拼才会赢。

一旦停滞，你可能就被甩在人后

有一句名言是这样说的："除了生命之外，我们还有一样东西不能放弃，那就是学习。"所谓的"活到老，学到老"就是这个道理。在现在这个充满竞争力的时代，我们只有不断地学习充实自己，才能更好地适应社会的发展，才能在自己的前进道路上保持正确的方向。社会的竞争规则是强者胜，企业的用人标准是能者上。就算你曾经风光无限，如果停滞不前，很快就会被甩在后面，甚至惨遭出局。孩子们，时时为自己充电，带着满满的能量出发吧！

李志鹏是一名大学法律系的学生，从小他就梦想自己有朝一日能够成为一个出色的律师。所以，上大学时他毫不犹豫地选择去一家律师事务所打工，李志鹏的同学都嫌进律师事务所给人打工赚钱既少又累，简直就是浪费青春，可是李志鹏却不这样想，临近毕业的时候他就已经搜集了很多律师事务所的资料，了解了一些比较出名的律师，其中一位叫李海的律师就是他非常想要学习的榜样。李海为老百姓打官司，无论多么难办的案子他都能理清头绪，被称为"百姓的律师"。大学毕业后，李志鹏来到这家律师事务所，争取到了为李海老师工作的机会。李志鹏每天跟在李老师后面，一点一滴地向他学习，和李海老师一起办了几件大官司。渐渐地，当地的百姓都知道李海老师有一个好学生叫李志鹏，他的办事能力也很强。每当李海老师忙不过来的时候，事情都交给李志鹏做。李志鹏终于也成了当地的著名律师，实现了自己的理想。

可见，如果你不知道怎样去提升自己，激发自身的潜在力量，那就找一位你所热衷的行业里的成功的前辈作为榜样来学习，你可以全方位、多角度地学习前辈的方法、模式、经验，时间久了，遇到合适的机会，你就会在这个领域成就一个不平凡的自己。

东吴名将吕蒙作战英勇，屡立战功。孙权即位后，吕蒙被提拔做平北都尉。建安十三年（公元208），孙权派吕蒙为先锋，亲自攻打黄祖。吕蒙没使孙权失望，他斩了黄祖，胜利回师，又被提拔为横野中郎将。

但吕蒙有个缺陷，他学识不高。带兵镇守一方，每向孙权报告军情时，只能口传，无法书写。一天，孙权对吕蒙和蒋钦说:"你们从十五六岁开始,一年到头打仗,没有时间读书,现在做了将军,应多读书。"吕蒙说:"忙啊!"孙权说:"再忙,有我忙吗?我不是要你做个寻章摘句的老学究,只要你粗略地多看看书,多学习一点。"说着给他详细列出《孙子兵法》《六韬》《左传》《国语》《史记》《汉书》等书单。

此后,吕蒙开始发奋读书,后来竟达到了博览群书的地步。

鲁肃做都督的时候,仍然以老眼光来看待吕蒙,以为吕蒙还是学识不高的武将。有一次,鲁肃同吕蒙聊天。吕蒙问鲁肃:"您肩负重任,对于相邻的守将关羽,您做了哪些防止突袭的部署?"鲁肃说:"还没有主意!"吕蒙就向鲁肃陈述了吴、蜀的形势,提了五点建议。鲁肃听了非常佩服,赞扬吕蒙见识非凡,认为吕蒙很有才华。鲁肃走到吕蒙跟前,拍拍他的后背说:"真是聪明一世,糊涂一时,吕兄进展如斯,我却总以为你只有勇武。不想,听君一席话,茅塞顿开,原来吕兄也是饱有学识,可笑愚弟看走了眼。"

吕蒙一笑说:"士别三日,理应另眼相看,况且你我之别,远非三日。今日一叙,大哥你可不能再用老眼光来看我了。"

不久后，吕蒙接替鲁肃统率东吴的军队，成为一代名将。

"士别三日，当刮目相待"的故事教导我们，即使起点再低，只要不断努力学习就能登高望远；即使名声再响，如果停滞不前也会被人遗忘。只有不断地学习，才能在人生中不被超越，成就不平凡。

趁年少强大自我，以强者的姿态与命运叫板

在命运的捉弄和调侃面前，没有人愿意妥协，但是，普通人根本没有能力与命运抗衡，不得不常常向命运低头，在人生里随波逐流。然而，这只是弱者的姿态，真正的人生强者无论如何也要与命运博弈，而不会在与命运争斗的过程中迷失自我。要想做到这一点，一切的揣测和预估对于人生都没有切实的作用和意义，我们最该做的就是让自己变得更加强大，这样才能昂首挺胸屹立于命运之前，拥有与命运进行博弈的资格和资本。

常言道，天外有天，人外有人。在这个世界上，没有最优秀的人，只有更优秀的人。为此，我们一定要戒骄戒躁，不要觉得自己就是最强大的人，也不要觉得自己多么优秀和出

类拔萃。我们固然可以认可和赏识自己，但是却不能盲目自大，更不能在成长的过程中迷失自我。在生命的历程中，你曾经有过走投无路的感觉吗？你是如何渡过这样的绝境的？现在回想曾经遭遇的绝境，你又有怎样的感触呢？归根结底，我们只能坚强，不管面对怎样的境遇，我们都要勇敢无畏地努力向前，都要咬紧牙关熬过去，全力以赴，这样才能超越自我和成就人生。

每个人最应该坚持的人生姿态，就是不向命运低头和妥协。当然，人生不是线性的，一个人即使当下还算拼搏和努力，但是并不意味着他就可以一劳永逸。真正的一劳永逸是根本不存在的。

很多人都喜欢以地域来对人群进行区分，如有人觉得河南人很刁钻，东北人很蛮横，温州人很精明……这样的标签，给不同地域的人画上了不同的色彩，但是这样的标签与其说代表了每个人的特点，不如说只是对于一个区域进行了粗浅的概括。事实上，东北人也有很温柔的，河南人也有勤劳朴实的，温州人未必个个都会做生意。不管是什么地方的人，都不会具备相同的特点。因此，我们哪怕因为各种原因被人贴上标签，或者受到命运的打击，也绝对不能屈服，而是要更加理性从容地做好自己。你要相信，在这个世界上能够代表你的，只有你自己，能够真正评价和断言你的，也只有你自己。我们是自己的上帝，我们要为自己的人生负责，我们要真正主宰自己的命运，缔造不一样的人生蓝图。如果不想听天由命，如果不想在生命历程中迷失，我们就要竭尽全力做好自己，也要拼尽所能成就自己。

人们常说人生是反复无常的，命运就像是一个顽皮捣蛋的孩子，常常和我们开残酷的玩笑。为此，很多人因为不知道如何应对人生而懊恼，甚至对于人生中的很多情况都感到迷惘、无从应对。人生瞬息万变，而且那些变化都是我们未知的，要想提前预知做好准备简直不可能，既然如此，我们就要不断地努力提高自己，这样一来，我们才会变得更强大，也才能在反复无常的人生中做到兵来将挡、水来土掩，从容应对。这就像是在武术的世界里，真正的绝世武功高手并不会那些花里胡哨的花拳绣腿，而是用一个很拙朴的招式，看似有形，实际上却能制敌于无形。

在漫长的生命历程中，我们会遇到各种各样的挑战。面对这些坎坷和磨难，如果我们轻易放弃，那么我们就会败给命运，未来要想在命运的颠簸中继续努力前行，几乎不可能。而如果我们能够始终坚定勇敢，努力向前，绝不向着命运低头，想方设法打败命运，那么渐渐地，我们就会在命运的历程

中有更多的收获，赢得幸福美满的人生。归根结底，人生没有回头路可以走，面对着只有一次机会的人生，我们一定要打起精神，满怀希望去面对。至少，等到人生暮年的时候，我们不会因为曾经的怯懦而后悔，也不会因为人生的迷失而沮丧。

勤奋努力，给自己一个灿烂的未来

我们都知道，人的潜能是无限的，它犹如一座待开发的金矿，蕴藏无穷，价值连城。一个人最大的成功，就在于他的潜在能力得到了最大限度地发挥。而潜能的发挥要求我们必须勤奋努力，朝着目标一步一步地迈进。

然而，现今社会，好高骛远、不脚踏实地是很多年轻人的通病，他们是思想上的巨人、行动上的矮子，信誓旦旦决定做一件事，但到实施的时候，却做不到一步一个脚印，每天朝目标迈一步，经常三分钟热度，做不到持之以恒。要知道，任何事情的成功都不是一蹴而就的，需要一点一滴的付出。小事成就大事，在每件小事上认真的人，做大事一定成绩卓越。稻盛和夫的成功就来自他对早年的愿望的坚持与努力。

刚开始，稻盛和夫创建的京瓷公司还只是一家乡村工厂，规模很小，但那个时候，稻盛和夫就和员工一起立下了"要将这家公司发展为世界一流的公司"的宏伟志愿。"尽管它还是一个遥远的梦想，但我内心有个强烈的愿望，就是渴望实现梦想并证明给大家看。"稻盛和夫在自己的书籍《活法》中这样写道。

不难发现，那时候的稻盛和夫眼界是高的，而且在接下来的很多年内，他不仅坚持自己的梦想，更是把自己的梦想融入到了实际行动中。他和他的员工一样，每一天，都竭尽全力地重复简单的工作。为了继续昨日的工作，他们不得不挥洒汗水，一毫米、一厘米地前进，把横在眼前的问题一个个解决掉，时间就这样在看似微不足道的日子中度过了。

可能很多年轻人会问："每天重复同样的工作，哪年哪月能成为世界一流的公司呢？"的确，在创业的过程中，稻盛和夫屡受打击，经历过无数次失败，但他认为，人生只能是"每一天"的积累与"现在"的连续。

"此刻的这一秒钟聚集成一天，这一天聚集成一周、一个月、一年，等发觉时，已经站在了先前看上去高不可攀的山顶上，这就是我们人生的状态。"

年轻人，你们也应该谨记稻盛和夫的这句话，学习这种追求成功、不懈努力的人生精神。没有小，就没有大；没有低级，就没有高级，那些点滴的小事中蕴含着丰富的机遇，伟大的成就都来自每天的积累，无数的细节才能改变生活。

即使你的目标是短视与功利的，但是，如果不过完今天的一天，那么明日就不会来访。到达心中向往的地点，没有任何捷径，"千里之行，始于足下"，无论多么伟大的梦想都是一步一步、一天一天去积累，最终才能实现的。

事实上，有很多和稻盛一样成功的人，他们白手起家，创下了自己的辉煌。的确，很多看似卑微的工作却正是最伟大的事业，卖拉链、做纽扣同样能跻身世界500强。贫穷的人没有创业资金，可以从那些小成本行业做起，可能一不小心就跨入了世界500强之列。

世界上许多伟大的事业都是由点点滴滴的细节汇集而成的。在小节上能够处理好的人，在成功之路上一定会少许多漏洞，相反，如果一个人不关注细节问题，往往会因小失大，自毁前程。完美的细节代表着永不懈怠的处世风格，也是一个人追求成功的资本。

孩子，你是不是对每天两点一线的学习生活已经厌倦了？你是不是渴望和那些青年人一样去闯荡？你是不是希望能有一个成功的机会？你是不是认为自己有粗心大意的毛病？那么，从现在起，对待生活、学习上的任何一件事，你不妨都予以关注，关注其细节是否完善。从细节入手，你会发现，你也可以变得卓越！

稻盛和夫曾说："不要把今天不当一回事，如果认真、充实地度过今天，明天就会自然而然地呈现在眼前了。如果认真地度过明日，那么就可以看见一周。如果认真地度过一周，那么就可以看见一个月……即使不考虑以后的事而全力以赴过好现在的每一瞬间，先前还未能看见的未来现在就自然而然地可以看见了。"

其实，"机遇是留给有准备的人"这句话是有道理的。美国篮球名将乔丹对此深有体会，他说："机会是为有准备的人而准备的。抓紧所有的时间，让力量发挥到极致，那些斑斓多彩的机会，就会一个个来到这些人面前了。"因此，现阶段，你要做的就是为未来做准备、充实自己的内在。

想要成为有所作为的孩子，必须要沉下心

卢梭曾说："节制和劳动是人类的两个真正医生。"为生存而付出的劳动能够锻炼一切与理想相关的东西，比如自信、尊严、才识和能力。即使每个人都是块好铁，但总得经

过打磨才能成钢。沉重是生活的一部分，我们享受生活的欢乐，也要接纳生活的沉重，因为生命中有一些责任是你必须要承担的。你必须负重前行，脚步才不会太飘忽。

一个人要想有所作为，首先要清理思想、改变观念。如果总是犹豫不决，一成不变，那么机会是不会主动光顾的。能沉下心来的人，思维富有高度的弹性，不会有刻板的观念，而能吸收各种信息，形成一个庞大而多样的信息库。

玛丽从大学毕业后，决定在纽约扎根并做出一番事业来。她的专业是建筑设计，本来毕业时是和一家著名的建筑设计院签了工作意向的，但由于那家设计院在外地，玛丽经考虑后决定不去。如果去了，她会受到系统的专业训练，并将一直沿着建筑设计的路子走下去。可是一想到会几十年在一成不变的环境里工作，或许永远没有出头之日，这点让玛丽彻底断了去那里工作的念头。

玛丽在纽约应届了几家建筑公司，大公司不要没有经验的刚出校门的学生，小公司玛丽又看不上，无奈只好转行，到一家贸易公司做市场营销。一段时间后，由于业绩得不到提高，身心疲惫的玛丽对工作产生了厌倦。但心高气傲的她觉得如果自己单干肯定会更好，于是她联系了几个朋友一起做建材生意。本以为自己是"专业人士"，做建材生意有优势，可是建筑设计与建材销售毕竟是两码事。不到一年，生意亏本了，朋友们也因利益关系闹得不欢而散。

无奈之下的玛丽只好再换工作，挣钱还债。由于对工作环境不满意，几年下来，玛丽又先后换了几次工作，她对前途彻底失去了信心。现在专业知识已忘得差不多了，由于没有实践经验，再想从事本职工作几乎是不可能了。玛丽虽然工作经验丰富，跨了好几个行业，可是没有一段经历能称得上成功……现实的残酷使玛丽陷入尴尬的境地，这是她当初无论如何也没想到的。

"这山望着那山高"的想法切不可有，如果你忽略了理想必须扎根在现实的土壤上的事实，那么只能被理想和现实同时抛弃。学会沉下心来，因为你在人生的过程中会看到许多山峰，但你不可能翻越每一座山峰，得到所有美好的东西。命运对任何人都是公平的，当你为没有得到而苦恼时，还是仔细想一下自己将会失去什么吧！

许多人在步入社会的初期都拥有远大的抱负，一心只想一鸣惊人，而不去埋头耕耘。等到忽然有一天，他看见比他起步晚的，比他天资差的，都已经有了可观的收获，他才惊觉到自己这片园地上还是一无所有。他这才明白，不是上天没有给他理想或志愿，而是他一心只等待丰收，忘了播种。

沉下心做事,就是要面对现实,面向未来,顺从规律,顺应大势,不做拔苗助长的蠢事。扎扎实实,一步一个脚印地走,才能循序渐进,一步一步登上事业的巅峰。

要想成为强者,首先要战胜自己

"妹妹你大胆地往前走,往前走,莫回呀头;通天的大路,九千九百,九千九百九呀……"这是张艺谋执导的电影《红高粱》的主题曲的歌词。从歌词中不难看到人性的弱点,比如在面临危险和恐惧时会不由自主地产生退缩的心理。这是人的本性——怯懦。其实,人要是想进步,最需要突破的就是人性的局限。人类之所以成为地球的主宰,成为万物的灵长,就是因为人很聪明,知道要进步,要变得强大,就必须战胜本性。

从某种意义上来说,安全感是我们给自己画就的牢笼。就像孙悟空在外出寻找食物的时候,会给唐僧画一个圈一样,我们也给自己画地为牢,给自己设定了安全的范围。我们总是在自己画的圈里面活动,以此保障自身安全。不到万不得已,我们不会走出这个圈。实际上呢?待在"安全"圈里的我们就是井底之蛙，只能看到圈内的小小天地。因为处于圈内，我们根本不知道外面的世界有多么精彩，也不知道其实天大地大到处都是家。成功的人勇敢地打破了牢笼，张开翅膀，在广阔的天地里自由翱翔。而失败者一辈子都只能在这个圈里看着外面的天，止步不前。

从内部来说，我们需要战胜自己，才能有所成长和进步。很多人喜欢和别人比较，实际上这是完全没有意义的。如果他人非常成功，你只能仰望，却触不可及，那么你将其设为自己进步的目标显然不现实。反之，如果被你设定为奋斗目标的人原本就水平很低，甚至不如你，那么你很快就会沾沾自喜，裹足不前。最合理的比较，是与昨天的自己比较。没有人能够一蹴而就获得成功，你也不例外。你只要比昨天的自己有所进步就好，这就说明你没有原地踏步，更没有退步。如此一来，日久天长，你就会在成功的道路上越走越远，距离成功也会越来越近。

有个叫夏洛尔的美国推销员，不但身材矮小，而且非常胆怯。很多人都说他根本不适合从事推销员的工作，因为他毫无特色，站在人群中一点儿都不起眼，根本无法让顾客注意到他。为此，他非常自卑，总觉得自己能够养活自己，就已经非常了不起了。因为这种想法，他在工作的时候始终不能全力以赴，业绩一直不好。其实，他每天早晨出门去公司的时候，妈妈都会叮嘱他："夏洛尔，你一定要不遗余力地去工作。否则，你还不如待在家里呢！"即便如此，夏洛尔依然对工作提不起兴致，因为他认定不管自己怎么努力，都无法改变现状。在心底里，他只求上司不要把他开除就好。

没过多久，夏洛尔担心的事情终于发生了。上司找他谈话，对他在工作上的表现非常不满，还给他下了最后通牒："夏洛尔，我觉得你之所以在工作上表现平平，就是因为你对待工作漫不经心，而且也没有真正了解销售是一份怎样的工作。如果你想继续留在公司，你必须参加培训，系统地了解销售，并且真正爱上销售。"夏洛尔非常沮丧，他如果不参加培训，就会失去工作。找来找去，他参加了一个销售大师主办的培训班。当为期一个月的培训班结束之后，这位培训大师找到夏洛尔，郑重其事地说："你太浪费自己的才能了！"夏洛尔不知所以，问："老师，您为什么这么说呢？"培训大师说："你知道吗？你是我见过的最适合做销售的人才之一。但是，你却对自己定位太低。假如你能全心全意地投入销售工作，在不久的将来，你必定能够获得成功，做出伟大的事业。"

听了老师的话，夏洛尔受宠若惊。后来，他坚定不移地相信自己一定能够成功，果不其然，没过几年，他就以优异的销售业绩创造了公司的销售神话，他也理所当然地晋升为公司的销售总监。

在这个事例中，夏洛尔之所以一直默默无闻，在工作上表现平平，就是因为他给自己画地为牢。心的高度，决定了人生的高度。如果一个人觉得自己不管再怎么努力，也不会有更出色的表现，那么他就会放弃自己，不再努力。与此相反，假如一个人在内心深处坚信自己一定能够成功，即使最终达不到自己理想的高度，也一定能够不断突破自己，不断进步，不断成长与成熟。

孩子，你们要想像夏洛尔一样突破自己，战胜自己，就一定要有坚定的信念。也许现在的你们也和曾经的夏洛尔一样不相信自己，把自己定位得太低。那么，此时此刻，就赶快思考自己的人生，重新给自己定位吧。人们常说，心有多大，舞台就有多大。这句话非常有道理。比如，当我们想考一百分，结果可能考了九十九。；而假如我们只想勉强及格，那么我们的成绩也许只有三五十分，甚至更低。由此可见，目标的实现需要顽强的毅力，坚持不懈的付出，也需要极大的雄心。趁着年轻，赶快扬起人生的风帆吧！

第10章

> 马上去做，别将自己年轻的生命空耗在抱怨中

年轻要有理想，但先要接受现实

人人都知道，理想是我们的引航灯，所以，每个人都为自己的人生海洋矗立了这样一盏灯。然而，很多人树立理想之后，就将其抛于脑后，过起了得过且过的人生。有些人恰恰相反，他们目标明确，一心一意地奔着理想而去。然而，令他们困惑的是理想和现实相差太远，现实横亘在他们和理想之间，让他们难以跨越。遇到这种情况，特别执着的人依然会奔着理想而去，丝毫不向现实缴械投降。

这种执着的精神值得赞许，然而，过于执着就是一种执拗。我们首先必须认清楚，理想终要归于现实，要与现实和谐融洽地发展，而不能脱离现实。脱离现实的理想就像乌托邦，永远不会实现；脱离现实的理想就像空中楼阁，可望而不可即。想到这里，我们不得不说的是，纵然要坚持理想，但也要兼顾现实，失去现实依托的理想，是很难实现这样的理想，即使实现了，也对现实没有太大的意义。所以，尽管我们年少气盛的时候为自己树立了理想，但在我们走入社会意识到现实与理想之间的差距时，要学会调整自己的理想。理想，不是亘古不变的，常言道，条条大路通罗马，实现理想的道路有很多种，我们应该学会选择适合自己的道路。

在追求理想的过程中，我们还会遇到很多困难。这些困难，有些是我们预料之中的，有些是我们预料之外的。常言道，兵来将挡，水来土掩，我们只有调整好自己的心态，坦然面对困境，才能更好地为理想的实现创造条件。假如其中有不可逾越的困难，那么我们不妨拐个弯走，绕过困难，同样也能达到最终的目标。现代社会，各行各业的发展日新月异，如果你是职场人士，更应该学会圆滑处世，千万不要当职场里的"愣头青"。人在职场，虽然我们要坚持自己的原则和理想，但是变通也是必需的。有的时候，换一条路走，或者转换一种思路去实现自己的梦想，也许会发现"柳暗花明又一村"。

吴王阖闾在与楚国的战争中获胜后，又对邻国越国发动战争，想吞并越国。越国的国君勾践率领军队与吴王在檇李展开了生死决战，吴王阖闾战败，身受重伤，回国之后便去世了。他临死前嘱咐儿子夫差一定要为他复仇，夫差即位后时刻不忘国耻，整日练兵，最终打败了越国，还把勾践抓到吴国。为了羞辱勾践，吴王派他看守坟墓，饲养马匹，把他当最卑微的下人使唤。勾践尽管心里怒火中烧，恨不得马上为国报仇雪恨，但却装作降服的样子，并且表现出对吴王极大的忠诚。他主动为吴王牵马,还像奴婢一样伺候生病的吴王。日久天长,吴王渐渐放松了警惕,最终准许勾践回到越国。

勾践回国后,发誓一定要打败吴国,报仇雪耻。因为安心安逸的生活容易消磨斗志,他便把一个苦胆挂在饭桌的上方,每次吃饭之前都先尝一尝苦胆。他从来不睡温暖柔软的床,而是睡在柴草堆上,用干草当被子。为了增强国力,他亲自下地种田,他的夫人也亲手织布,自己缝制衣服穿。他把国家大事交给文种管理,把军队交给范蠡加强训练,最终全国上下齐心协力,不但兵强马壮,国力也越来越强盛。

公元前484年,伍子胥建议吴王攻打齐国之前先灭越国,吴王没有采纳伍子胥的意见,反而一怒之下杀了他。公元前475年,越王勾践做足准备,一举打败吴国。后来,勾践北上中原与诸侯会盟,成为春秋末期的霸主,实现了青史留名的伟业。

勾践如果在被俘之后没有佯装臣服,恐怕早就被吴王杀死了。也许很多人会说士可杀不可辱,而现实情况却是,留得青山在,不怕没柴烧。正是因为勾践表现出了极大的忠心,最终才能博得吴王的信任,吴王才会准许他回到越国。回到越国之后,他也没有立刻享受安逸,理想的实现需要顽强的毅力,所以勾践整日卧薪尝胆,最终才能国强兵壮,一举打败吴国，称霸春秋。

在我们的生活中，也常常会有这样的事情发生。当理想和现实之间存在差距的时候，我们首先应该学会接受现状，然后再想办法追求理想。人生之中很多时候是不能逞强的，逞得一时之气，很可能会失去大好的机会，甚至再也没有回旋的余地。聪明的人知道理想必须与现实融合，最终才能得以实现。

适时调整方向，每个孩子要掌控人生的舵

高考将近，杨海林已经被保送到了大学。陈默也不愁，父亲早已为他联系好了一所国外的学校，到时候，他直接去国外读书，毕业之后回国接手爸爸的事业，人生之路一帆风顺。班上很多同学都很羡慕陈默，可陈默却一点也不觉得高兴。

陈默和几个好朋友在一起的时候，他们总会发出"人活着到底是为了什么"这样的疑问。这些朋友包括模范学生杨海林，只不过杨海林随便叹叹气，过后就忘了。

可是陈默不一样，这个问题一直纠缠在他的脑子里。有时候，他想："难道是因为人生都被爸爸安排好了，才会这样？"而且，他一直很羡慕国外的教育和生活方式，老早就期

盼着了。怎么现在快要去了，反而生出很多茫然？

反正是要出国了，高考参加不参加都无所谓，陈默就将时间花在了这个哲学问题上，到底自己想要什么样的人生？在网上，在图书馆，陈默看了很多的信息资料，这个说，人生是一个过程，一定要努力实现自己的梦想；那个说，人生就是一段旅程，一定要好好地享受生活……反正是众说纷纭，莫衷一是。陈默看来看去，一头雾水，还是找不到自己人生的方向。

思考了一段时间之后仍找不到答案，陈默放弃了，心想：反正也想不出个所以然，何必费那个劲，还不如好好玩一段时间再说呢。慢慢地，他掉进了网络游戏的陷阱。星期天，陈默去找杨海林一起玩，中午就在杨海林家里吃饭。吃饭的时候，陈默跟杨海林说起他最近玩的那个游戏，说得是眉飞色舞、唾沫横飞。杨海林爸爸在一旁皱起了眉头，高考在即了，还有心思玩游戏，杨海林爸爸将心里的想法说出来了。

"叔叔，我爸已经联系好了国外的学校。"陈默毫不在意，"我就等着高考完了出国去，人生就那么回事，现在不玩以后不一定有机会玩了。"

听到这话，杨海林爸爸眉头皱得更深了，说："杨海林，陈默。"看着两个人抬起头来，杨海林爸爸才再次开口："你们现在正处于一个很危险的年龄段，需要思考的问题太多，如果不把握好正确方向的话，很容易误入歧途。"

"爸，我知道你要说什么，好好学习，天天向上嘛，我们都懂的。"杨海林调皮地顶了句嘴。

"不，光好好学习还不行。"杨海林爸爸不知道是没听出来杨海林话里有话呢，还是怎么着，一本正经地说，"现在科技那么发达，'两耳不闻窗外事，一心只读圣贤书'肯定是行不通的。你们平时上网的时候，也要多浏览各种新闻，学会从各种信息中辨别真假善恶，培养自己独立思考的意识。"

鼓励孩子上网，这可不是一般父母能做到的，杨海林和陈默这下可洗耳恭听起来了。"一个人一生想做什么，想成就什么样的事业，不是凭空得来的，而是在后天的学习、积累过程中慢慢得来的。越早知道自己想要什么，就越能成功。你们现在还不知道自己想要什么，很茫然，这是正常现象。"杨海林爸爸说，"孩子们，学业对你们来说非常重要，所以必须要在这阶段打好基础，不断积累自己的人生财富，只有你学得多了，你才能更明白什么是自己想要的。这需要你们多方面吸取经验，学习知识，参与各种实践活动，从中寻找自己的理想、兴趣所在。人生确实是一段旅程，不同的旅途，拥有不同的风景。"

"说得好。"陈默竖起了大拇指，"叔叔，听您这一席话，我真的是深受启发。我们确实需要充实自己，不断努

力，把控住自己人生的'方向盘'，有方向才不会迷茫，才会有更大的希望。"

临近毕业的学生们感觉迷茫，处在其他人生阶段的人又何尝不是呢？时代的飞速发展不仅带来了经济的繁荣，也让很多人在五光十色的霓虹灯中迷失了自己，找不到人生的方向。不论是在何种情况下，如果不能确定自己人生的方向，或者不能朝着这个方向努力，那最后的结果就只有失败。

孩子们，人生的方向盘需要自己去把握，没有谁能代替你去走完自己的一生，我们要为自己而活。你的目标是否坚定，也取决于这个目标是否出于你真正的意愿，是否符合你的实际情况，是否真正扎根在你的内心深处。如果一个人没有目标和方向，那么他就会变得懒散、懈怠、毫无方向、积极性差，所以说方向对于人生有着很大的指引作用，可以说是我们前进的动力，我们一定要好好把控。同时，在朝着自己目标努力的过程中，不断修正自己的方向，才能自己掌握自己的人生。

少年绝不能瞻前顾后，否则只能让机会白白流失

从前有一头毛驴，它拥有两堆草料。它饿了，可是站

第10章
马上去做，别将自己年轻的生命空耗在抱怨中

在两堆草料中间徘徊不决，是去左边还是去右边呢？往左边走走……嗯，还是去吃右边的比较好；往右边走了几步……算了，还是去左边那堆好了。走走又回头，回头又走走，于是，这头幸运的、富有的毛驴，就这样在两堆草料间活活地饿死了。这个故事当然是夸张化的，可是，现实生活中的确有人在做这样的傻事。因为人比毛驴聪明，思考能力强，在前思后想中，更容易犹豫不决，失去机会。在生活中，有不少人做事思前想后，顾虑太多，结果在犹豫不决中丧失了绝佳的机会，也失去了改变人生的机会。

有一天，老鼠大王召集了许多鼠族成员参加会议，大家围在一起商量如何对付猫吃老鼠的问题。当老鼠大王抛出了问题后，老鼠们都积极发言，出主意，提建议，不过会议持续了很久，最终也没有找到一个可行的方法。

这时，一个平时被大家称为最聪明的老鼠对大家说："我们与猫多次作战的经验表明，猫的武功实在太高了，若是单打独斗，我们根本不是它的对手。我觉得对付它的唯一办法就是——预防。"大伙听了面面相觑，问道："怎么防呢？"这个老鼠狡黠地说："给猫的脖子系上铃铛，这样，猫一走铃铛就会响，听到铃声我们就躲藏到洞里，它就没有办法捉到我们了。"老鼠们听了都雀跃起来："好办法，好办

法，真是个聪明的主意！"

老鼠大王听了这个办法以后，高兴得什么都忘记了，当即宣布举行大宴。可是，第二天酒醒了以后，觉得不对。于是，又召开紧急会议，并宣布说："给猫系铃铛这个方案我批准，现在开始就落实到具体行动中。"一群老鼠激动不已："说做就做，真好真好！"受到老鼠们的支持，鼠王问道："那好，有谁愿意去完成这个艰巨而又伟大的任务呢？"会场里一片寂静，等了好久都没有回应。

于是，老鼠大王命令道："如果没有报名的，我就点名啦。小老鼠，你机灵，你去给猫系铃铛吧。"老鼠大王指着其中一个小老鼠说。小老鼠一听，马上浑身颤抖，缩成一团，战战兢兢地说："回大王我年轻，没有经验，最好找个经验丰富的吧。"接着，老鼠大王又对年纪稍大的鼠宰相发出命令："那么，最有经验的要数鼠宰相了，您去吧。"鼠宰相一听，吓破了胆，马上哀求说："哎呀呀，我这老眼昏花、腿脚不灵的怎能担当得了如此重任呢，还是找个身强体壮的吧。"于是，老鼠大王派出了那个出主意的老鼠，这只老鼠哧溜一声离开了会场，从此，再也没有见到它。最终，老鼠大王一直到死，也没有实现给猫系铃铛的夙愿。

目标是否可以实现，关键在于及时行动。在任何一个领域里,不努力去行动,就不会获得成功。正所谓"说一尺不如行一寸",任何希望、任何计划最终必然要落实到具体的行动中。只有及时行动才可以缩短自己与目标之间的距离,也只有行动才能将梦想变为现实。如果你只是心里想着目标,却总是被其他因素牵绊,而错过了及时行动的机会,那只会后悔莫及。

人生有三大憾事:遇良师不学;遇良友不交;遇良机不握。很多人把握不住机遇,不是因为他们没有条件,没有胆识,而是他们考虑得太多。在患得患失间,机遇的列车在你这一站停靠了几分钟,又向下一站行驶了。我们生活在一个竞争激烈的时代,很多机会本来就是稍纵即逝的。在优柔寡断的人左思右想的时候,机会已经溜到了别人手里,把他们远远抛在了后面。

立即行动,别让年轻的生命被抱怨吞噬

英国著名作家奥利弗·哥德史密斯曾说:"与抱怨的嘴唇相比,你的行动是一位更好的布道师。"面对生活里的不如意,人们最普遍的习惯是埋怨,不停地埋怨,埋怨父母不理

解,埋怨社会太现实,埋怨朋友的欺骗,埋怨上天的不公。然而,埋怨无法真正解决那些不如意的事情,只会让情绪陷入恶性循环。可见,心中的怨气非但不能解决问题反而会阻碍到前进的路途。

成功只会垂青那些积极主动的强者,只要你敢于担当,勇于接受来自生活的挑战,那么,任何艰难险阻都会变成坦途。真正的强者,从来不埋怨,他们总是会把那些消极的想法从心中扫除,让自己的内心充满阳光、充满希望。

来到这个世界上,面对生活中的诸多不如意,我们只有两个选择,要么接受,要么改变。抱怨成为了接受事实的一个阻碍。如果我们总是想到:这件事对我是不公平的,这样的事情怎么会发生在我的身上呢?我怎么能接受这样的事情呢?那么,在我们埋怨不公的时候,我们已经失去了去改变这件事情的机会。

真正的强者致力的是积极行动、解决问题,而不是去埋怨上天的不公。所以,强者最后会在努力中赢得成功,而无能的人只会在埋怨声中销声匿迹。

罗斯福说:"未经你的许可,没有任何人能够伤害你。"有的人自己做不到的事情,别人漂亮地完成了,他还会到处埋怨:"其实我很有能力的""他凭什么就能得到上司的重用啊""这件事我会比他做得更好,可上司偏偏不找我嘛"。但是,真实的情况呢,却是自己没有能力,心中才充满了怨气。

积极面对失败,好孩子只找方法不找借口

在生活和工作中,很多人一旦有小小的挫折和失败,马上就会寻找各种原因,为自己的失败找到合理的借口。哪怕只是走路摔倒了,也要找到到底是哪块石子绊倒了自己,从而愤愤不平地将其扔得远远的,似乎这样就为自己报了仇、泄了愤,心理上也觉得平衡了许多。为什么我们总要推卸责任呢,难道走路摔倒了不是因为自己不够专心地看路吗?倘若我们改变心态,不再时刻想着撇清自己,而是认真自我反省,提升和完善自己,那么我们就能够找到迅速进步的方法。

一味地为失败找借口并不能使我们进步,反而会让我们疏忽和懈怠,甚至在麻木中退步。从本质上来说,每次遭遇失败都找借口为自己开脱,实质上是一种自我麻痹。相反,只有努力反省自身,我们才能得到进步,也才能找到获得成功的方法,实现自己的心愿。不为失败找借口,只为成功找方法,这

才是成功之道。

人们常说，授人以鱼不如授人以渔，意思就是说与其给他人鱼吃，不如教会他人捕鱼的方法，这样才能一劳永逸，让他人永远有鱼吃。因而，自古以来成功的人都很注重对方法的研究，也能够找到恰到好处的方法让自己获得成功。由此一来，他们的人生进入良性循环之中，变得更加顺遂如愿。由此可见，好的方法对于成功起到至关重要的作用，它可以对每个人的人生都起到积极的促进作用。

人生就像是一场没有归途的旅程，当我们回顾此前的经历时，必然既有成功的甘甜，也有失败的苦涩。很多人喜欢说尽人事听天命，实际上我们唯有调整心态，积极地面对失败，把失败转化为成功的阶梯，才能找到成功的好办法，给自己的成功加速。

速度第一，谁快谁就能够赢得机会

1947年，当贝尔在研制电话的时候，另一个叫格雷的人其实也在进行着同样的研究。并且，两人都在相同的时间段内取得了突破，但是贝尔还是先行了一步，他比格雷快了两个小时到达专利局，获得了这一突破性的专利发明。当然，两位当事人并不知道对方的存在。但从现在的结果来看，只是因为提早的两个小时，贝尔成为了举世闻名的"电话之父"，收获了巨大的财富以及享誉世界的荣誉。

人生就是这么残酷，往往就是谁快谁就能够赢得机会。就像人们从来都只会记得第一个敢吃螃蟹的那个英雄，却永远不记得其实第二个吃螃蟹的人也是蛮勇敢的。

信息爆炸的现代社会，每天都在上演着"速度与激情"。好比在草原上，羚羊和猎豹每天都在上演着生命的竞赛。显然，在它们的世界里面，谁的速度快，谁就能够赢得生存下去的权利。羚羊一旦慢了，就会被猎豹吃掉，而猎豹一旦慢了，就只能被活活饿死。听着很残酷，但在现实世界却天天发生。其实人类社会更是这样，只是没有自然界那么赤裸而已。

当今社会，速度和效率显然已经成为了一个企业能否获得成功的核心竞争力。生活在现代社会，我们想要获得成功，就必须尽快提高我们的工作效率，时刻走在他人的前面。

朋友闪电，人如其名，总是我们一帮人里面行动最快的那一个。"快如闪电、势如破竹"也一直是他的成功之道。

早在大一的时候，发生过这样一件小事：当时，我们学校的快递堆放点离我们的宿舍很远。天气凉快的时候，下课路上约上三五个好友一起路过快递点去拿个快递,再一起吃个午饭是一件再愉快不过的事情。然而,每当到了炎热的夏天,遥远的快递点就是我们每个人又爱又恨的所在。尤其是班级里那些爱美的姑娘们经常在聊天群内抱怨烈日的狠毒、拿快递的不便以及有人能将快递送到手中的愿望。闪电发现了商机,准备通过向这些有需求的同学们提供服务来赚取相应的生活费。但是仅靠他一个人肯定是不行的,于是他课后示鼓动我们加入他的计划一起赚钱。

想要成立一支像样的服务队并没有那么简单,但是闪电却断言:只要我们尽快行动抢占先机,就一定有足够的市场等待着我们开拓。如果再晚,可能就会被其他同学捷足先登,我们再想要开始就没有那么容易了。于是,在我们还在犹豫以及不舍得那一点点的金钱人力投资的时候,闪电已经开始了"试营业"。他一个人在学校所有的橱窗里张贴了"有偿提供服务"的小广告,并找到了两三个同学开始了他们的初次创业。一开始,或是出于经济考量,或是由于对可信度的质疑,闪电团队的业务并不多。然而,随着帖子的发布传播以及同学们的口碑相传,全校师生很快就知道了这一"服务公司"的存在。渐渐地,竟连诸多老师们也变成了闪电的客户。等到毕业的时候,闪电已经将他的业务扩展到了市内的其他大学，逐渐形成了垄断趋势。闪电自己也凭借这一创业经历成功赚得了自己人生的第一桶金。

不知道你有没有发现：想要成功，我们必须学会快人一步。只有走在时代需求之前，引领时尚潮流，才能够最大程度地获取成功需要的资源。一直跟在别人身后，就永远只能望其项背。

能否成功在很多时候都是取决于你是否能够先人一步。在商场上，如果你思维敏捷、眼光独到，并且能够积极行动，你就必定能够掌握先机，获得成功。人生其实也是一样。这个世界总是瞬息万变，如果没有超前的意识和过人的胆识，你永远都只能被市场的洪流所淹没。就像大浪淘沙，能够留下的才是精品。而如果你能够先行一步，在变化到来之前，在别人还在徘徊的时候就开始行动，那么你一定能到达成功的彼岸。

参考文献

[1]刘长江.迎难而上做了不起的自己[M].哈尔滨：黑龙江美术出版社,2016.

[2]龙柒.心态左右你的人生[M].北京：新世界出版社，2011.

[3]长征.阳光心态[M].北京：中国纺织出版社,2016.

[4]柴一兵.孩子的优秀是训练出来的[M].北京：北京工业大学出版社，2015.